Claudia Elbert

Netzwerke

Claus Köpcke 1831–1911

Biographie eines Ingenieurs

Materialien zu Bauforschung und Baugeschichte 17

Netzwerke

Claus Köpcke 1831–1911

Biographie eines Ingenieurs

Claudia Elbert

Impressum

Karlsruher Institut für Technologie (KIT)
KIT Scientific Publishing
Straße am Forum 2
D-76131 Karlsruhe
www.ksp.kit.edu

KIT – Universität des Landes Baden-Württemberg und nationales
Forschungszentrum in der Helmholtz-Gemeinschaft

Layout und Satz
rheinsatz, Köln

Bildbearbeitung
Anna Elbert  www.garstiges.de, Hamburg

KIT Scientific Publishing 2011
Print on Demand

ISSN 0940-578X
ISBN 978-3-86644-758-5

Inhalt

Vorwort

Eine Biographie über den Ingenieur Claus Köpcke in der Karlsruher Reihe der Materialien zu Bauforschung und Baugeschichte erscheint zunächst ungewöhnlich, da Köpcke weder an der Karlsruher Hochschule studiert oder gelehrt hat noch sein Nachlass sich im Südwestdeutschen Archiv für Architektur und Ingenieurbau (saai) befindet. Nach Studium in Hannover und nachfolgender Mitarbeit in der Hannoverschen Eisenbahnverwaltung nahm Köpcke vielmehr zunächst eine Professur an der Polytechnischen Schule Dresden wahr, um anschließend im sächsischen Finanzministerium Dresden tätig zu werden, wo sein bekanntestes Werk, die als „Blaues Wunder" populär gewordene Elbbrücke, längst ein Wahrzeichen der Stadt geworden ist und von Bernhard Graf in die Liste der „Bridges that changed the world" (München 2002) aufgenommen wurde. Die Initiative, anlässlich des 100. Todestages von Claus Köpcke eine Monographie über ihn herauszubringen, ging vielmehr von der Verfasserin aus, die bereits zuvor eine wichtige Untersuchung über die Theaterbauten Friedrich Weinbrenners publiziert hat und sich auch familiär mit dem Thema ihrer neuen Untersuchung verbunden fühlt.

Mit der vorliegenden Publikation, deren Aufnahme in die Reihe der Materialien zu Bauforschung und Baugeschichte mir ein besonderes Bedürfnis ist, erhält letztere zugleich ein neues Aussehen, nachdem dankenswerterweise der hauseigene KIT-Verlag die Betreuung der Institutsreihe übernommen hat. Autorin wie Verlag danke ich für das Engagement, den Schöpfer des „Blauen Wunders" einer größeren Öffentlichkeit vorzustellen und ihm damit die wissenschaftliche Bedeutung zu geben, die er im allgemeinen Bewusstsein längst besitzt.

Karlsruhe, im Oktober 2011

Joh. Josef Böker

Einleitung

Das „Blaue Wunder", die Brücke über die Elbe zwischen Loschwitz und Blasewitz, zählt zu den bekanntesten Wahrzeichen Dresdens, sein Planer und Erbauer, der Ingenieur Claus Köpcke, die Herkunft aus dem Alten Land, der berufliche Werdegang über Hannover und Berlin nach Dresden, die Einbindung in ein internationales Netzwerk von Fachkollegen und seine Familie blieben eher unbekannt. Zwar sind Teile seines vielseitigen Werks schon zu seiner Zeit veröffentlicht und bis in unsere Zeit bearbeitet worden, eine Biographie, die die Person Köpcke zu greifen und die Brücke zwischen Arbeit und Privatem zu schlagen versucht, fehlt bisher. Sein 180. Geburtstag am 28. Oktober und der 100. Todestag am 21. November 2011 sind Anlass, die Lücke zu füllen.

Darstellungen der wichtigsten Bauwerke des Ingenieurs sind erschienen, sein Einfluss als Verantwortlicher im Finanzministerium auf die Dresdner Bahnhofsbauten und das sächsische Schmalspurnetz ist gewürdigt worden. Weitgehend unbeachtet blieben seine Gutachten und seine Glockenstühle, von denen sieben in Deutschland ermittelt werden konnten.

Den Menschen und Familienvater Köpcke lernen wir vor allem über Tochter Paula (1867–1954) kennen. Sie hat eine „Lebensbeschreibung" ihres Vaters verfasst und mit ihrer Schwester Irene zahlreiche frühe Fotografien, persönliche Erinnerungsstücke und Dokumente durch den Krieg retten können. Dazu gehört ein Album der Köpckes, das nicht nur Fotografien der Familie, von Freunden und Reisen enthält, sondern auch bisher unveröffentlichtes Material von Köpckes Baustellen. Die Briefe an seine Frau Friederike runden das Bild ab.

Im Februar 1982 lernte ich im Institut für Denkmalpflege Dresden dessen Leiter Prof. Dr.-Ing. Hans Nadler (1910–2005) kennen, es war der Beginn einer langjährigen Freundschaft und der Nachforschungen zu meinem Urgroßvater Claus Köpcke. Ein „Netzwerk" entstand. Eine Abschrift von Köpckes Vortrag über die Loschwitz-Blasewitzer Brücke erhielt ich kurz nach meinem Besuch in Dresden. So wuchs die Neugier, und allmählich konnten mehr als 50 Beiträge des Ingenieurs ausfindig gemacht werden.

Als 1993 das 100-jährige Jubiläum des „Blauen Wunders" anstand, wurden erste Kontakte zum Verkehrsmuseum in Dresden aufgenommen, das Stadtmuseum zeigte eine Ausstellung persönlicher Erinnerungsstücke aus dem Familiennachlass. Zur Festschrift „100 Jahre Blaues Wunder" konnten zusätzliche Daten über den Ingenieur beigesteuert werden, die „Lebensbeschreibung" war im „Elbhangkurier" abgedruckt. Zur Eröffnung des Elbhangfests im Jubiläumsjahr erlebte die restaurierte Brücke eine neue – symbolische – Belastungsprobe: Das Netzwerk aus Eisen hielt stand.

Mein Dank gilt Dr. Michael Dünnebier, dem ehemaligen Direktor des Verkehrsmuseums Dresden, der das Werk auf den Weg gebracht, und Dana Runge, Mitarbeiterin Bibliothek und Archiv, die unermüdlich geforscht und gesammelt hat, Prof. Dr.-Ing. Günther Kokkelink, Hannover, für nachhaltige Ermutigung und zahllose Hinweise, den Mitarbeitern in Museen, Staats-, Landes-, Stadt- und Universitätsarchiven und -bibliotheken in Berlin, Bremen, Dresden, Frankfurt/M., Hamburg, Hannover, Jork, Karlsruhe und Riesa, in Kirchen- und Pfarrämtern in Borstel, Dresden, Hamburg und Osnabrück für bereitwillige Hilfe.

Familie und Freunde, ganz besonders in Dresden und Radebeul, haben mir mit Rat und Tat beigestanden. Mein besonderer Dank gebührt aber Prof. Dr. phil. Johann Josef Böker, Institut für Kunst- und Baugeschichte, Fachgebiet Baugeschichte, des Karlsruher Instituts für Technologie (KIT), der die Veröffentlichung so freundlich ermöglicht hat, und seinen Mitarbeitern, mit denen ich seit langem verbunden bin.

Straßburg, im Oktober 2011

Claudia Elbert

Kindheit und Jugend im Alten Land
1831–1848

Herkunft

Claus Köpcke wurde am 28. Oktober 1831 als ältestes von zehn Kindern in Borstel im Alten Land an der Unterelbe geboren und auf den Vornamen seines Großvaters väterlicherseits getauft. Drei Schwestern verstarben im Kindesalter.[1]

Borstel war damals eine selbstständige Gemeinde im Königreich Hannover, heute gehört sie zur Gemeinde Jork im Landkreis Stade (Abb. 1). Die Einwohner waren vor allem Obstbauern, Handwerker und Schiffer. Prächtige Bauernhäuser mit kunstvollen Ziegelausfachungen und Prunkpforten zeugen noch heute vom Reichtum dieser fruchtbaren Flussmarsch.

In Claus' Geburtsurkunde wird Vater Johann Köpke als „Eigenwohner" aufgeführt, d.h. Gemeindeangehöriger „mit eigenem Haus

1 Borstel: St. Nikolai, Fleet und Kleine Seite, rechts, Postkarte, um 1900

2   Haus der Köpkes auf der Kleinen Seite, 1994

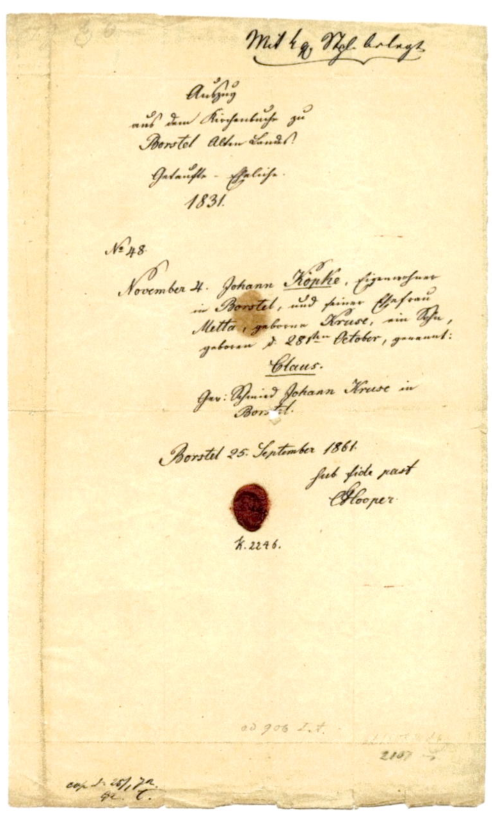

3   Geburtsurkunde, Auszug aus dem Kirchenbuch
     Borstel, 1861

ohne wesentlichen Grundbesitz".[2] Nach einem verheerenden Brand im Februar 1846, dem weitere sechs Häuser zum Opfer fielen, wurde es neu errichtet. Der eingeschossige Bau mit ausgebautem Satteldach, weißgestrichenem Fachwerk und roten Backsteinfüllungen reiht sich noch heute in die enge Bebauung der „Kleinen Seite" am Borsteler Fleet ein (Abb. 2).

Schiffer von Beruf, brachte Claus' Vater Obst der Altländer Bauern vom Borsteler Hafen nach dem nahen Hamburg und verkaufte es da. Er wird als lebhafter Mann mit klugen Augen geschildert, der gerne erzählte und den Schalk im Nacken hatte. Er sei auch der erste gewesen, der 1848, im Jahr der Märzrevolution, mit seinem Ewer, einem hölzernen Lastkahn mit Besegelung, Obst nach Berlin lieferte. Seine Söhne Johann und Hinrich nahm er mit. In Berlin baute er dann einen Obst- und Gemüsegroßhandel auf, der sich noch bis zum Jahr 2000 in Familienbesitz befand.[3] Die Geschäfte liefen wohl sehr gut, denn mit Ausnahme von Johann, der sein Nachfolger mit ausgeprägtem Geschäftssinn wurde, konnten alle seine Söhne studieren.[4]

Die Mutter Metta soll eine sehr gütige und fromme Frau gewesen sein. Ihr Vater Johann

Kruse, Pate von Claus, war im Dorf ein angesehener und geschickter Schmied (Abb. 3). Als „Uhr-, Spur-, Hof- und Büchsenmacher" reparierte er aber nicht nur Uhren und fertigte Gewehre, er ließ auch Menschen zur Ader und heilte krankes Vieh.[5] Von seiner Seite mag das technische Interesse von Claus und seinen Brüdern Hinrich und Johann-Hinrich stammen, die später ebenfalls auf das Hannoversche Polytechnikum gingen.

Da die Eltern häufig abwesend waren, musste die 1833 geborene Schwester Gesche die Betreuung der jüngeren Geschwister und den Haushalt übernehmen.[6] Keine einfache Aufgabe, denn Hauptspielplatz der Jugend war das Fleet mit nicht ungefährlichen Abenteuern auf dem Wasser oder dem winterlichen Eis. Dazu kamen Kinderkrankheiten, die häufig wiederkehrende Cholera und Typhus, Nervenfieber genannt, da das Trinkwasser ungereinigt aus dem Fleet kam, erst später mit Sand, Kohle und Schwamm gereinigt.[7]

Schule in Borstel und Stade

Borstel mit seinen damals weniger als 2.000 Einwohnern hatte eine Kirchspielschule, einen Raum von 27 Quadratmetern für alle Klassen.[8] 1844 wird von 120 Schulkindern berichtet. Wie der Unterricht ablief, beschreibt Köpckes neun Jahre jüngerer Bruder Hinrich: „Wir Schulkinder Mädchen und Jungen waren erstere auf der rechten, letztere auf der linken Seite des gemeinsamen Schulzimmers untergebracht und wurden in Religion und Gesang und Deutsch gemeinsam unterrichtet, und so gut es ging, getrennt, abteilungsweise in Schreiben und Rechnen, wobei viel geübt und nach Büchern gearbeitet wurde."[9] Beleuchtet wurde abends mit Talglichtern, die die Schüler mitzubringen hatten und um die man sich versammelte. In den Haushalten waren Rüböllampen üblich.[10]

Von 1846 ist ein Heft mit sorgfältigen Schreibübungen erhalten, in dem der noch nicht 15-Jährige mit „Claus Köpcke" signiert (Abb. 4).[11] Legte er sich das zusätzliche „c" in seinem Nachnamen zu, um sich von den vielen Köpkes, die in der Gegend ansässig waren, zu unterscheiden, gab es ein Vorbild, dem er nacheiferte, oder war es nur eine Mode? Die Schreibweise hat er immer beibehalten. Von der Mutter kam der Wunsch, ihr Ältester solle Geistlicher werden, wovon der Pastor ihr jedoch abriet.[12] „Er meinte, ihr Sohn sei so geschickt und überlegt, für ihn würde das Polytechnikum in Hannover die Lehre bieten, die ihn am glücklichsten machen würde."[13]

„Bis zu meiner Confirmation [1. April 1847] habe ich die dortige Volksschule besucht und im Lateinischen, Französischen und Zeichnen Privatunterricht genossen. 1847 kam ich nach Stade in Pension, um mich zum Besuch

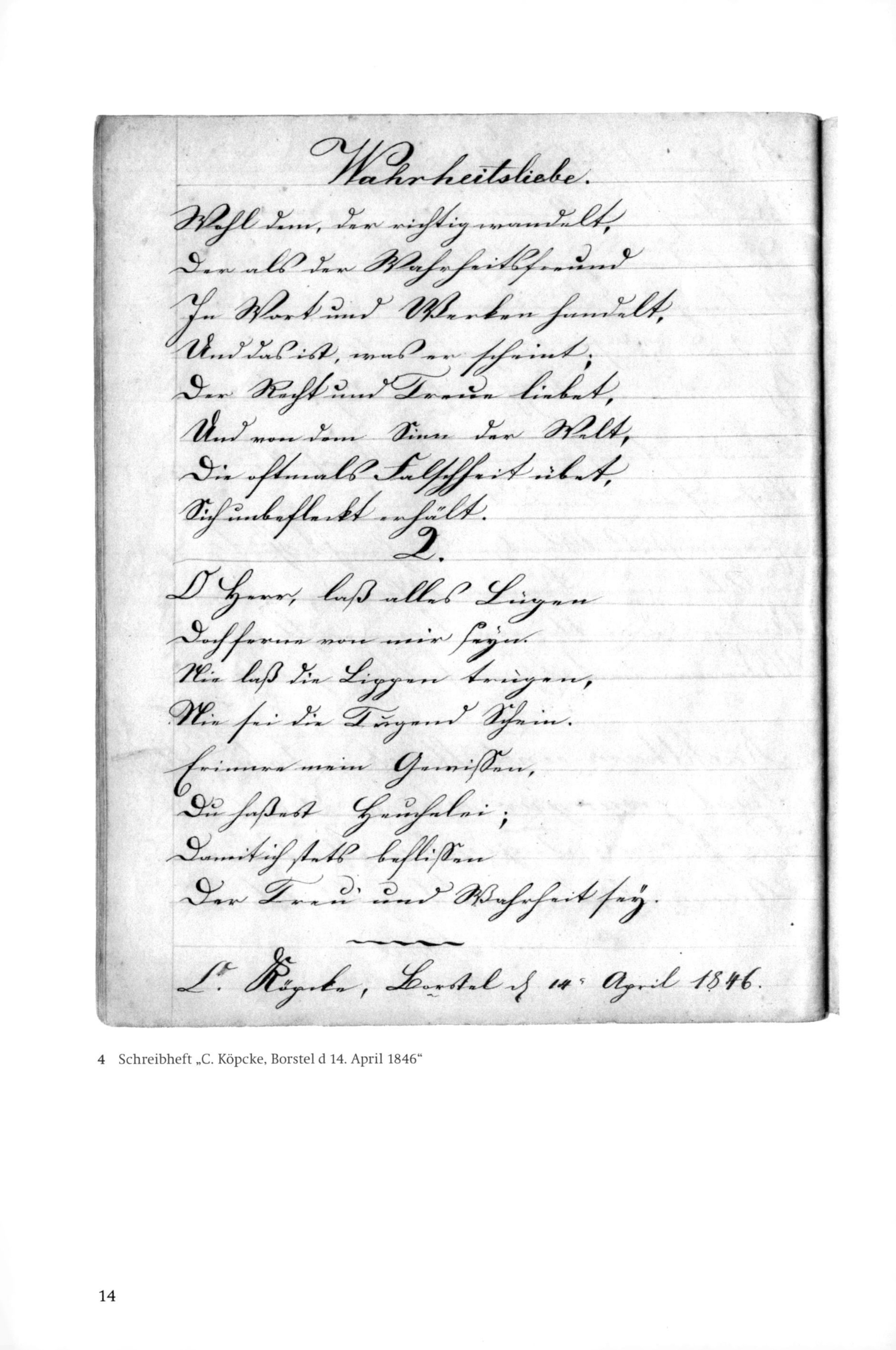

Wahrheitsliebe.

2.

L. Köpcke, Borstel d 14. April 1846.

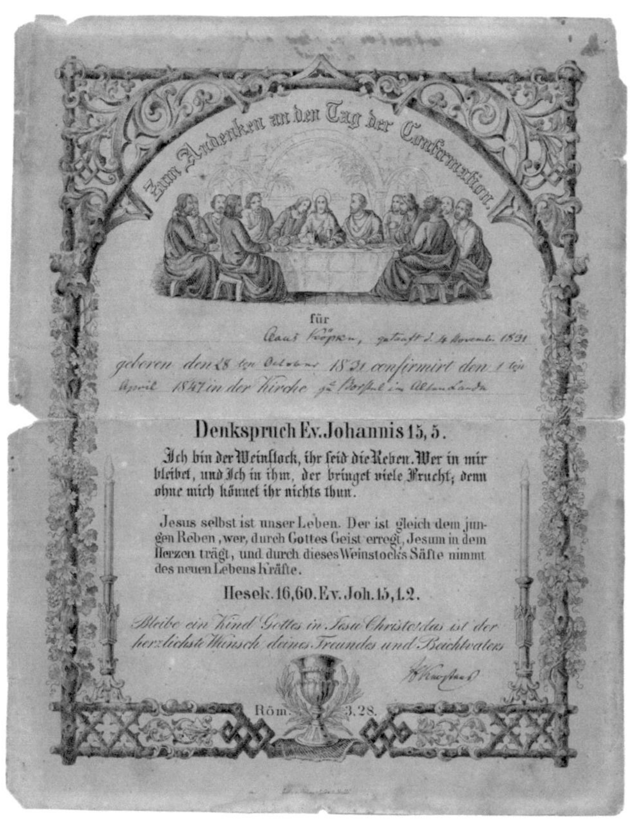

5 Konfirmationsurkunde, 1. April 1847

des dortigen Gymnasiums vorzubereiten. Ostern 1848 wurde ich in die dortige Secunda aufgenommen", schreibt Köpcke später (Abb. 5 und 6).[14] Bei seinem Eintritt waren bereits Realklassen eingerichtet worden, um Schüler für die Polytechnische Anstalt vorzubereiten.[15] Naturwissenschaften und Englisch, für die Ausbildung zum Techniker unbedingt erforderlich, lösten Griechisch und zum Teil Latein ab. Nach nur einem halben Jahr beendete Köpcke die Schule. Sein Abschlusszeugnis zeigt durchweg gute Noten, in der Gesamtbeurteilung heißt es: „Aufmerksamkeit: zeugt von reger Wißbegierde. Häuslicher Fleiß: in allen Fächern sehr löblich. Bei fortdauernder Sorgfalt und Treue wird er ein erfreuliches Resultat seines Schulbesuchs gewinnen." (Abb. 7)[16] Damit bewarb er sich an der Polytechnischen Schule in Hannover.

6   Gymnasium in Stade (im Hintergrund), 1908

1   Kirchenbücher der ev.-luth. Kirchengemeinde St. Nikolai, Borstel u. Archiv der Gemeinde Jork, Abschriften aus dem Kirchenbuch Borstel, J – K, Nr. 11-000408.

2   Röper 1971, S. 198.

3   Siehe auch: 125 Jahre „Großmarkt" Johann Köpke & Co., Berlin 1973.

4   Stammbuch der Familie Wissmann-Köpke.

5   Ebenda. – Hofmacher = Hufmacher

6   Brief Hinrich Köpke vom 24. 3. 1919.

7   Brief Hinrich Köpke vom 23. 2. 1912. – Nach 1932 erhielt auch Borstel eine Trinkwasserleitung, später auch eine Kanalisation.

8   Röper 1971, S. 177: 1848 zählte Borstel 1974 Einwohner.

9   Brief Hinrich Köpke vom 18.3.1912.

10   Brief Hinrich Köpke vom 2.5.1916.

11   Archiv Elbert.

12   In der Nikolaikirche in Borstel gibt es noch Kirchenstühle, die für „Johan Kopke" und „Johan Köpcke" reserviert waren.

13   Paula Köpcke, Erinnerungen III, nach 1945 aufgeschrieben.

14   SHStA, MfV Nr. 15104: Lebenslauf Köpcke.

15   Hollmichel, Winfried/ Piller, Klaus, Geschichte des Athenaeums. 400 Jahre Gymnasium – 800 Jahre Lateinschule, Stade 1988, S. 129.

16   Archiv Elbert.

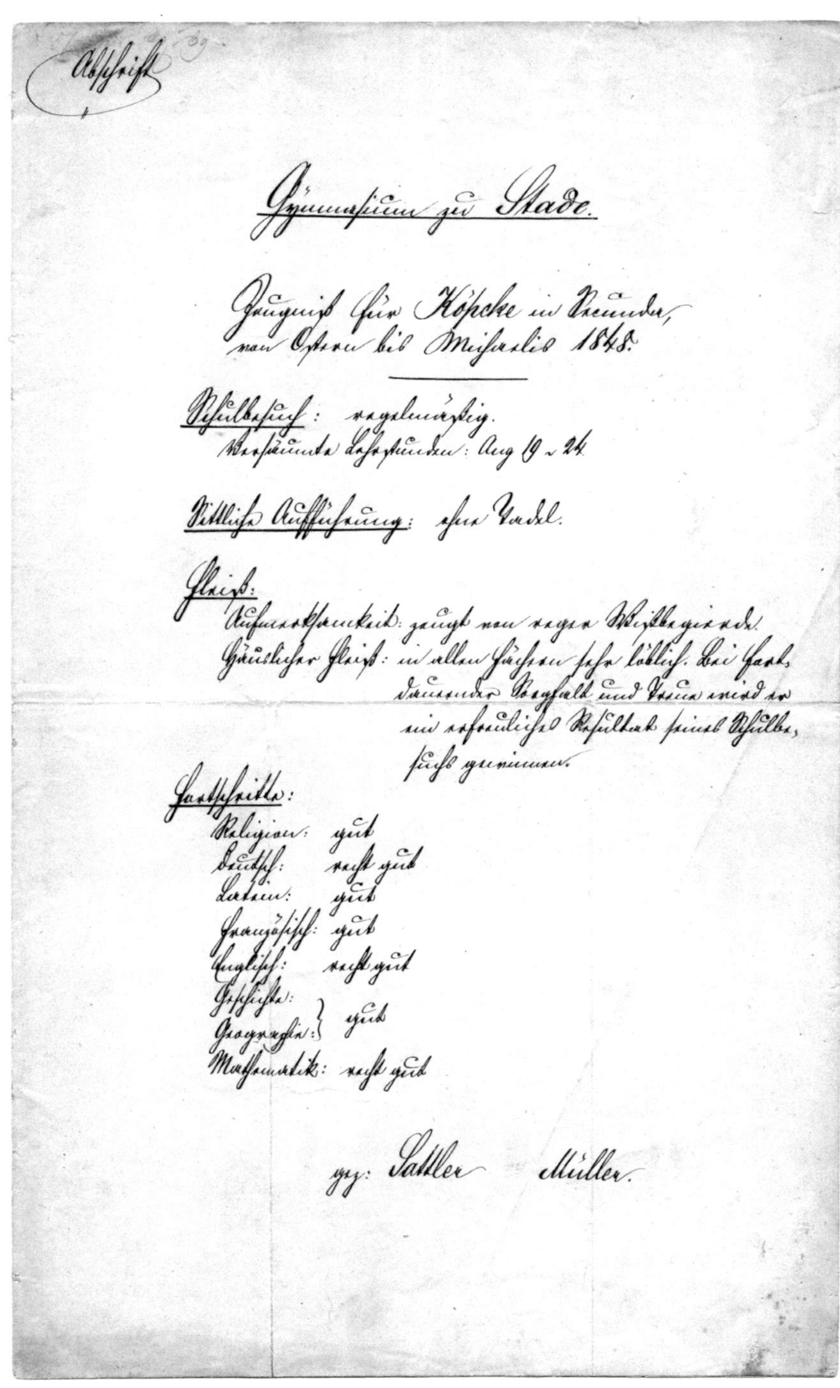

7   Abschlusszeugnis von 1848, Abschrift

8   Deutschland 1815–1866

Zum Studium nach Hannover
1848–1853

Das Königreich Hannover und die Polytechnische Schule

Wie alle deutschen Länder lebte das Königreich Hannover, das bis zum Tod Wilhelms IV. 1837 mit England in Personalunion verbunden war, im ersten Drittel des 19. Jahrhunderts fast ausschließlich von der Landwirtschaft. Erst der Ausbau der Verkehrswege, vor allem die „Alles umgestaltende, gewaltige Wirkung der Eisenbahnen", brachte wirtschaftlichen Aufschwung und trieb die Industrialisierung voran.[1]

1835 nahm in Bayern die erste Eisenbahn Deutschlands zwischen Nürnberg und Fürth den Betrieb auf. Die Lokomotive „Adler" stammte von den englischen Eisenbahnpionieren George und Robert Stephenson. Vier Jahre später folgte in Sachsen die erste „Ferneisenbahn" zwischen Leipzig und Dresden, mit 115 Kilometern die längste deutsche Bahnstrecke. Wieder zogen englische Lokomotiven die Festzüge; die in Sachsen von Johann Andreas Schubert entwickelte erste deutsche Lokomotive „Saxonia" durfte nur hinterherfahren. Die serienmäßige Herstellung von Dampflokomotiven in Deutschland übernahm 1840 August Borsig in Berlin.

Im Königreich Hannover begann der Eisenbahnbau 1842 zwischen Lehrte und Hildesheim. Im Jahr darauf wurde die von Anfang an als Staatsbahn betriebene Strecke eröffnet, die Lokführer waren bei der Dresden-Leipziger Eisenbahn ausgebildet worden.[2] König Ernst August, Gegner des neuen Verkehrsmittels: „Ich will keine Eisenbahnen in meinem Lande, ich will nicht, dass jeder Schuster und Schneider so rasch reisen kann wie ich", wandelte sich zum Befürworter.[3] Drei Jahre später fuhr die erste inländische, von der Egestorff'schen Maschinenfabrik in Linden vor Hannover hergestellte Lokomotive, sie hieß „Ernst-August".

In Köpckes Geburtsjahr 1831 fiel die Gründung der „Höheren Gewerbeschule" in Hannover, nach dem Vorbild der „Ecole Polytechnique" in Paris von 1794. Ihr folgten weitere im deutschsprachigen Raum: darunter Wien 1815, Karlsruhe 1825 und Dresden 1828. Aus ihnen gingen später die technischen Hochschulen hervor.

Die Schule zog 1837 in einen Neubau an der Georgstraße im Stadtzentrum Hannovers. Kriegsbaumeister Ernst Ebeling, seit der Gründung der Schule Lehrer für Baukunst und Bauzeichnen, hatte das Gebäude im Stil eines florentinischen Renaissance-Palazzo entworfen (Abb. 9).[4]

Erster Direktor war der vom Wiener Polytechnischen Institut berufene Lehrer für Technologie Karl Karmarsch. Umgehend begann er mit dem Aufbau des Lehrplans.[5] Der Bedarf an fachspezifischem Personal stieg schnell

9 Polytechnische Schule in Hannover, 1856

und so kamen 1845 vier neue Lehrfächer hinzu: Mechanik der Baukunst, Maschinenbau und ein zweiter Jahreskurs für Baukunst, Geognosie, Straßen- und Brückenbau.[6] 1847 erhielt die Anstalt den Namen „Polytechnische Schule".

Lehrer, Schüler und Revolution

Köpcke war knapp 17 Jahre alt, als er sich am 1. Oktober 1848 als einer von 155 neueintretenden Schülern einschrieb; dazu kamen noch 33 Zuhörer (Abb. 10 und 11).[7] Damit war die Gesamtzahl von 327 Einschreibungen in sechs Jahren auf über das Doppelte angestiegen. Das Mindestalter betrug 16 Jahre, und als Vorkenntnisse waren nachzuweisen: „geläufiges und richtiges Deutsch-Schreiben nach Diktiren; genaue Kenntniß der vier Grundrechnungsarten mit Einschluß

der Dezimalbrüche; und Fertigkeit in der Behandlung solcher Aufgaben, welche zu der Regula de tri gehören. Diese unbedingt notwendigen Vorkenntnisse müssen nöthigen Falls durch eine strenge Prüfung dargethan werden. Schüler, welche bereits die Sekunda eines Gymnasiums, oder die oberste Klasse der hiesigen Bürgerschule besucht haben, brauchen nur ihre Zeugnisse vorzulegen und werden, sofern dieselben genügen, nicht geprüft."[8] Das galt nicht für Köpcke, denn „infolge der kurzen Dauer des Besuches des Gymnasiums" musste er vor der Zulassung zum ersten Staatsexamen eine Prüfung ablegen.[9]

Mit Köpcke immatrikulierte sich auch der aus Ostfriesland stammende Ludwig Franzius, später Wasserbauingenieur und Oberbaudirektor in Bremen.[10] Kurzfristig waren sie Arbeitskollegen und blieben ihr Leben

10   „Verzeichniß der Schüler und Zuhörer der polytechnischen Schule" Hannover, 1848–1849

lang freundschaftlich verbunden.[11] Sie hätten unterschiedlicher kaum sein können: der hünenhafte „markige" Franzius und der kleine, eher unauffällige Köpcke.

1848/49 geriet auch die Polytechnische Schule in den Strudel der Revolution. Wilhelm Launhardt, Mitschüler Köpckes, später Direktor und Professor für Straßen-, Brücken- und Eisenbahnbau, schildert eindrucksvoll die Ereignisse, die er damals miterlebt hatte:

„Während des stürmischen Jahres 1848 waren die Polytechniker bewaffnet und als besonderes, uniformirtes Bataillon der Bürgerwehr der Stadt Hannover eingereiht worden. Die Lehrer übernahmen die höheren Officirsstellen und von dem zweiten Direktor, Hauptmann a. D. Glünder, wurden Vorlesungen über Taktik und Strategie gehalten. Im Hofe und in den Korridoren des Schulgebäudes wurde getrommelt und exercirt, an zwei Nachmittagen der Woche wurde mit klingendem Spiele zu Uebungen ausgerückt und vom Sonnabende zum Sonntage die der Bürgerwehr überlassene Hauptwache am Marktplatze bezogen. Bei einzelnen Strassen-Aufläufen schritt das Corps der Polytechniker mit thatendurstiger Energie zur Wiederherstellung der Ruhe ein. Es ist begreif-

21

N a m e.	Geburtsort.	Alter.	Stand der Eltern.	Wohnung.	Vorstudien oder bisherige Beschäftigung.	Lehrfächer.	Besuch der Stunden.	Prüfungs-Ergebniß.	Sittliches Verhalten.	Anmerkungen.
199	Tomfohrde Johann	[illegible]	20	Lehrer	[illegible] N. 5	w. vor. J.	1. [illegible] I 2. [illegible] 3. [illegible]				
200	Köpke [illegible]	[illegible] im Altenland	17	Schiffer	[illegible]	[illegible] Stade	1. [illegible] Mathem. 2. [illegible] Geom. 3. [illegible]				18 48/49 52/53 5 49/50 50/51 51/52
201	v. Hane Karl	Hamburg	18	[illegible]	[illegible] N. 5	w. vor. J.	1. [illegible] Mathem. 2. [illegible] 3. [illegible] Geom. 4. [illegible]				
202	Stahl [illegible]	[illegible]	17	[illegible]	[illegible] N. 7	w. vor. J.	1. [illegible] Mathem. 2. [illegible] 3. [illegible] Geom. 4. [illegible]				
203	Laudahn Heinrich	[illegible]	18	[illegible]	Meyer [illegible] N. 10	w. vor. J.	1. [illegible] 2. [illegible] Geom. 3. [illegible] 4. [illegible]				
204	Lohmann Heinrich	[illegible] bei Estra	17	[illegible]	[illegible] N. 22	w. vor. J.	1. [illegible] Mathem. 2. [illegible] Geom. 3. [illegible] 4. [illegible] I				

11   Einschreibungsliste 1848

lich, dass diese Zustände einem gedeihlichen Studium nicht förderlich waren und leicht zu Ausschreitungen und Unordnungen führen mussten. Die Sache nahm ihr Ende, als im Mai 1849 eine stürmische Versammlung des bewaffneten Corps in der Aula durch den Kommandirenden desselben, Kriegsbaumeister Ebeling, aufgelöst, aber durch die Polytechniker im Saale des Tivoli fortgesetzt wurde, wobei die Absetzung der als Officire des Corps fungirenden Lehrer ausgesprochen und der Beschluss gefasst wurde, die vom Frankfurter Parlamente festgestellte Reichsverfassung 'mit Gut und Blut' zu vertheidigen. Am andern Tage, am 3. Mai 1849, war am schwarzen Brett der Schule eine Bekanntmachung angeschlagen, wonach das bewaffnete Corps der Polytechniker für aufgelöst erklärt und die Schule geschlossen wurde. Nach einer Unterbrechung von 14 Tagen wurden dann die Vorlesungen für diejenigen Studirenden zu Ende geführt, welche durch die vorangegangenen Unruhen nicht stark belastet waren und sich schriftlich zu ruhigem Verhalten verpflichteten.“[12]

Auf der Liste derjenigen, die versicherten, „daß sie sich bei dem Unfug in der Corps-Versammlung am 3. Mai 1849 nicht betheiligt haben, und diese Vorgänge ernstlich mißbilligen“, finden sich auch die Namen Köp-

12 „Lehrer-Collegium der polytechnischen Schule in Hannover", um 1856
Hinten v.l.n.r.: Mühlenpfort, Treuding, Debo, Hase, Hunäus; Mitte: Wessel, Heeren, Karmarsch, Franke,
Rühlmann, Bruns; vorn: Schulz, Brauns.

cke und Franzius (Abb. 10 und 11).[13] Auch Wilhelm Busch durfte sein Maschinenbau-Studium wieder aufnehmen, brach es allerdings 1851 ab, „um in Düsseldorf Maler zu werden".[14]

Im Studienjahr 1849/50 ist Köpcke bei Bäcker Winkelmann in der Knochenhauerstraße 16 untergebracht. Tochter Paula hält in ihren Erinnerungen fest: „So erklärte er dem Dienstmädchen des Bäckers, dass nun ein Professor ein Dienstmädchen heiraten könnte. Die kluge Deern klopfte dem Jungen auf die Schulter und meinte: ‚Min leewa Klaas, det doot se nich.'"

1849 kam noch ein dritter Jahreskurs für Baukunst hinzu, und 1851 wurde Eisenbahnbau in den Lehrplan aufgenommen, vertretungsweise vom Mitglied der Hannoverschen Eisenbahndirektion Adolph Funk, unterrichtet (Abb. 12 und 13). Köpcke schloss das Fach mit dem Prädikat erste Klasse ab. Funk sollte später zu seinem großen Förderer und Fürsprecher werden, als es um die Nachfolge von Schubert als Professor an der Polytechnischen Schule in Dresden ging.

Die Ingenieurfächer wuchsen weiter: Im Januar 1852 begann der ehemalige Stadtbaurat von Magdeburg Friedrich Albert Treuding sei-

13   Adolph Funk (1818–1889)

ne Vorlesungen und Übungen über Straßen-, Brücken- und Eisenbahnbau und als gesondertes Fach Wasserbau.[15]

Baukunst unterrichteten Conrad Wilhelm Hase und, nach Ebelings Tod 1851, Ludwig Debo. Sie umfasste Baukonstruktions- und Baumaterialienlehre, Ornamentik, Bauzeichnen, Perspektive, und Baugeschichte. Im dritten Jahreskurs kamen Entwerfen öffentlicher und privater Gebäude nach gegebenen Programmen hinzu, das Ausarbeiten von Details sowie Einrichtung und Anlage von Gebäuden, Kostenvoranschlag, Bauführung, Baurecht und Baupolizei.[16]

Während Köpckes Studienzeit und bis in die Mitte der 1860er Jahre herrschte der Rundbogenstil im Königreich vor. Hase wandte sich seit der Mitte der 1850er Jahre der Neugotik zu und entwickelte einen eigenen Stil, der als

„Architektur der Hannoverschen Schule" in Norddeutschland große Verbreitung fand.[17]

Es mag Zufall sein, dass ausgerechnet die ausgearbeiteten Mitschriften Köpckes über Maschinen- und Mühlenbau nach den Vorlesungen des aus Dresden stammenden Moritz Rühlmann, seines Lehrers für Mathematik und Mechanik der Baukunst, erhalten sind (Abb. 14).[18] Oder haben sie ihm soviel bedeutet, dass er immer wieder darauf zurückgriff? Sie enthalten, ergänzend zum Text, sorgfältig ausgeführte Zeichnungen. Er schloss das Fach mit der besten Note ab.

Rühlmann, 1840 als Lehrer für Maschinenlehre und angewandte Mathematik berufen, wurde vor allem durch seine technischen Schriften bekannt; mit dem vierbändigen Werk „Allgemeine Maschinenlehre" begründete er sein Ansehen. „Rühlmanns Verdienst liegt [...] darin, dass er als einer der ersten die Bedeutung der theoretischen Wissenschaften, namentlich von Mathematik, für die Grundlegung einer wissenschaftlichen Technik erkannt und deren Entwicklung außer in seiner Lehrtätigkeit durch eine ungemein fruchtbare literarische Tätigkeit gefördert hat."[19]

In vier Jahren absolvierte Köpcke die für eine umfassende wissenschaftliche Ausbildung zum Ingenieur erforderlichen Fächer Mathematik und darstellende Geometrie, Mineralogie, Physik, Technologie, Maschinenbau, Modellieren, Eisenbahnbau, Wasserbau, Baukunst sowie Mechanik der Baukunst. Im fünften Jahr 1852/53 belegte er noch als Zuhörer Geognosie bei Georg Hunäus.[20] Möglicherweise nutzte er die Zeit, um sich auf die erste Staatsprüfung vorzubereiten. Noch 10 Jahre später als „Bau-Conducteur" belegte er, ebenfalls als Zuhörer, das Fach Botanik.[21]

Die erste Staatsprüfung legte Köpcke im März 1853 ab. Im Fach Eisenbahnbau wurden geprüft:

a) „Fertigkeit in hydraulischen Messungen behuf Bestimmung der Brückenweiten über Flüsse und Flusstäler.

b) Übersichtliche Kenntnisse der Monumente der Baukunst und ihrer Geschichte.

c) Eisenbahnkunde in besonderer Beziehung auf die Wahl der Linien auf den Unter- und Oberbau, auf die zum Betriebe erforderlichen Maschinen und Vorrichtungen.

d) Bekanntschaft mit der technischen Litteratur in deutscher, französischer und englischer Sprache, besonders in Beziehung auf den Eisenbahnbau".[22]

Das waren die theoretischen Grundlagen für seinen Einsatz beim Bau der Eisenbahnstrecke Göttingen-Kassel, in Harburg, Leer und Geestemünde. Hier sammelte er die praktische Erfahrung für die kommenden Herausforderungen.

14 Köpckes ausgearbeitete Vorlesungen in Maschinen- und Mühlenbau von Moritz Rühlmann, 1850–1851 (folgende Doppelseite)

1   Launhardt 1881, S. 28.
2   Hausmann, Bernhard, Erinnerungen, Hannover 1873, S. 189.
3   Zit. nach: Zug der Zeit 1989, Bd. 1, S. 95.
4   Ernst Ebeling (1804–1851) war 1823–1826 Schüler von Friedrich Weinbrenner (1766–1826) in Karlsruhe.
5   Launhardt 1881, S. 28.
6   Geognosie: Lehre von Struktur und Bau der Erdkruste.
7   Erst ab 1881/82 wurden Schüler zu Studierenden und Zuhörer zu Hospitanten, als die Polytechnische Schule in Technische Hochschule umbenannt wurde.
8   Karmarsch 1848, S. 74 f. – Regula de tri = Dreisatz.
9   SHStA, MfV 15104, Lebenslauf Köpcke.
10 Siehe Nachruf Franzius, in: ZAIW 1903, Sp. 261 ff. u. DBZ 1903, S. 333 ff.

11 Thierry, George de, Ludwig Franzius, Oberbaudirektor der freien Hansestadt Bremen 1875 bis 1903. in: Beiträge zur Geschichte der Technik und Industrie (Jahrbuch VDI), Berlin 1913, S. 6.
12 Launhardt 1881, S. 31 f.
13 Universitätsarchiv Hannover, Hann. 146 A, Acc. 7/67, Nr. 24.
14 Ebenda, Nr. 26.
15 Scholl 1978, S. 196.
16 Karmasch 1856, S. 24 f.
17 Laves 1989, S 48.
18 Archiv Elbert.
19 Matschoss 1985, S. 233.
20 Karmarsch 1856, S. 63 f.; wie Anm. 13, Nr. 28.
21 Wie Anm. 13, Nr. 39.
22 Scholl 1978, S. 193.

Die Maschinen zur Mehlfabrication
    oder die Getreidemühlen
sind eine Zusammenstellung mehrer Vorrichtungen die die Verkleinerung des Getreides
und mehr oder weniger die Verwandlung desselben
in Mehl bezwecken. Früher classificirte man
die Mühlen nach den Kräften durch welche sie ge-
trieben werden und unterschied demnach
Hand- Roßmühlen, Windmühlen, Wassermüh-
len und Dampfmühlen. Diese Eintheilung
ist jedoch zu verwerfen indem die ungenann-
ten Elementarkräfte, mit Ausnahme etwa der
Handmühlen, keinen weiteren Einfluß auf
die Fabrication äußern. Angemeßner ist es
die Mühlen einzutheilen 1, in alte oder
deutsche Mühlen 2, in verbesserte, englische
oder amerikanische Mühlen.

    Die alten, deutschen Mühlen

bestehen im Wesentlichen aus folgenden Theilen:
    Zunächst die Läuferbäume oder Läuferschwel-
len a a nach den Grundbalken genannt, welche
auch genannten Läufern unten ruhen;
sie liegen etwa um 8-9 Fuß von einander ent-
fernt; ihre Stärke beträgt 10-12 Zoll.

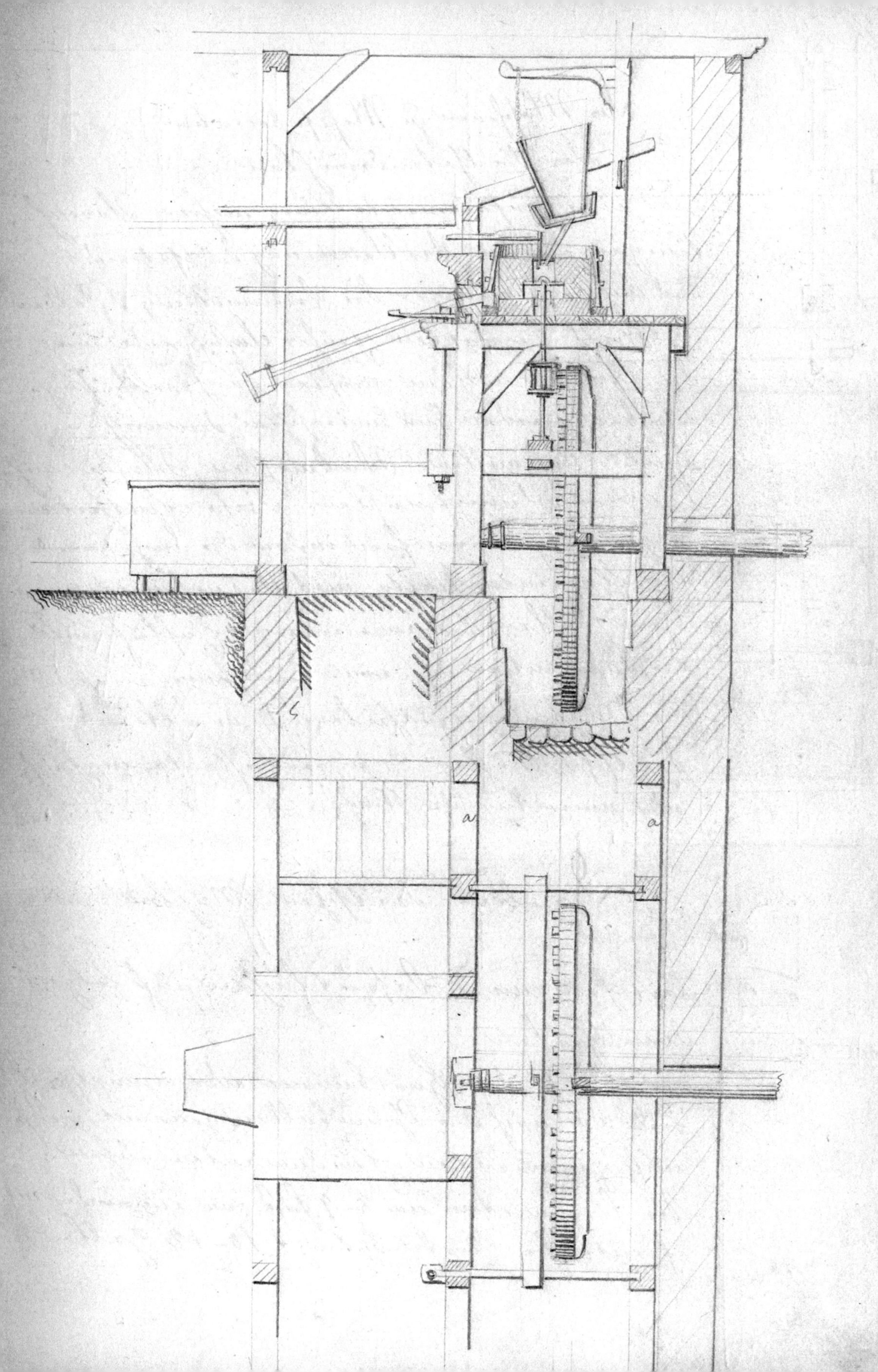

Bei der Hannoverschen Eisenbahnverwaltung
1853–1868

15 Köpcke als junger „Eisenbahnbau-Conducteur", um 1860

Erste Praxis

Seine erste Anstellung erhielt Köpcke bei der 1843 geschaffenen Königlichen Eisenbahnverwaltung in Hannover, zu deren führenden Mitgliedern Funk gehörte, sein ehemaliger Lehrer für Eisenbahnbau und Mitglied der Technischen Prüfungskommission (Abb. 15).[1]

Aus Funks Empfehlungsschreiben von 1869 an die Dresdner Polytechnische Schule erfahren wir über die Tätigkeiten seines jungen Mitarbeiters:

„Schon damals und bei der ersten Staatsprüfung für Bautechniker zu Hannover im Jahre 1853 zeichnete sich derselbe so sehr aus, dass

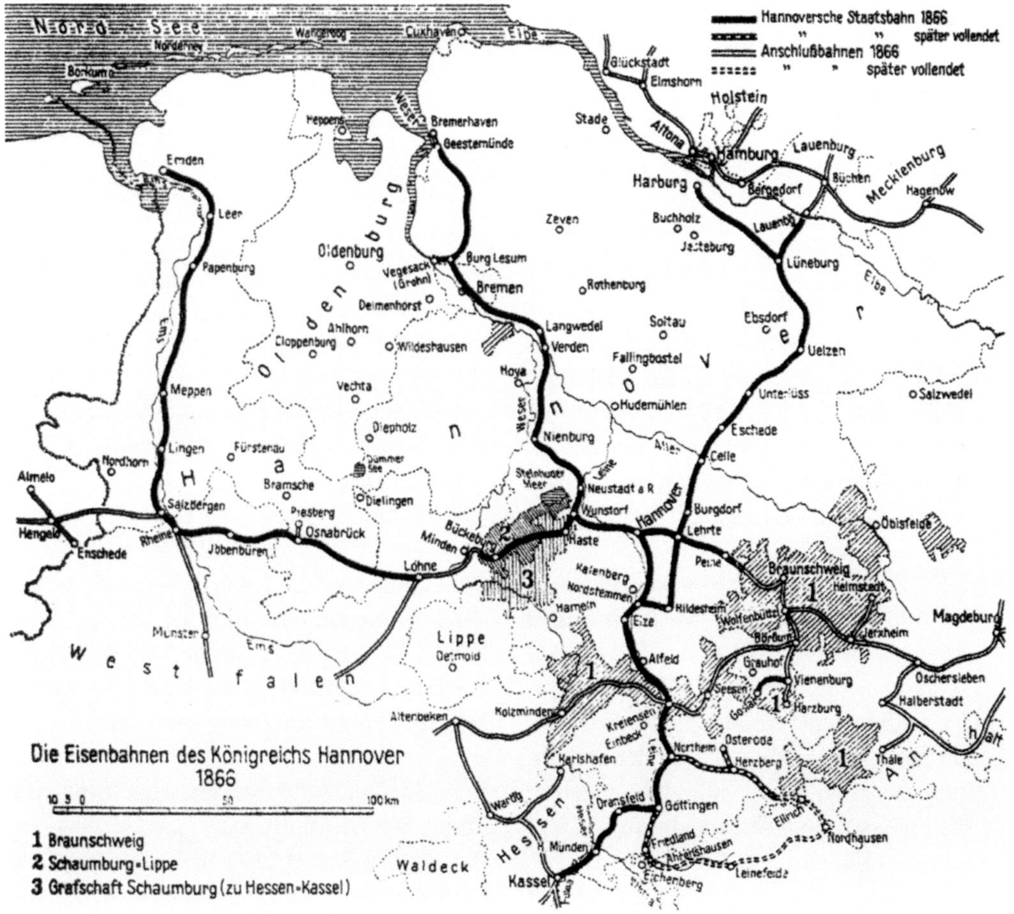

16 Die Eisenbahnen des Königreichs Hannover 1866

ich meine besondere Aufmerksamkeit auf ihn richten musste.

Als er auch nach der ersten Staatsprüfung in die Königl. Hannoversche Eisenbahn-Verwaltung trat, habe ich dafür gesorgt, daß er fortwährend und bei interessanten u wichtigen Bauten Beschäftigung erhielt, um ihm auf diese Weise Gelegenheit zu geben sich ebenso sehr practisch tüchtig auszubilden, wie seine theoretische Begabung und Ausbildung hervorragend war.

Auf diese Weise hat derselbe zunächst den Bau der Bahn von Hannover nach Cassel, sodann die Bauten zur Vermittlung des Seeverkehrs und dem Eisenbahn-Verkehre und Bahnhofe zu Harburg, Kaimauer, Speicher-Gebäude und hydraulische Krahnen pp und hier auf die Projectirung u Einleitung zur Ausführung des See-Hafens am Bahnhofe zu Leer, mit Schleuse für Seeschiffe, Bahnhofs-Kai pp mit ausgeführt. Von da wurde er zum Bau der Eisenbahn von Bremen nach Geestemünde versetzt und hat insbesondere einen großen Theil der Ingenieurbauten am Bahnhofe neben dem Seehafen zu Geestemünde, Kaimauer, seine Niederlage-Speicher mit hydraulischen Krahnen u Aufzügen, Maschinen dazu, Wasserleitung zur Versorgung der Seeschiffe pp geleitet."[2]

Bis Juni 1853 befasste sich Köpcke im Technischen Büro mit der Strecke Göttingen-Kassel der 1851 begonnenen Südbahn (Abb. 16). Am 17. September 1853 wurde er in Dransfeld als „Ingenieur-Assistent" vereidigt.[3] Noch heute ist die „Dransfelder Rampe" auf der Strecke Göttingen–Hannoversch Münden bekannt für die hohen Anforderungen, die an Bau und Betrieb gestellt wurden. Um kurhessisches Gebiet zu vermeiden, waren Steigungen bis 1:64, aufwändige Dämme, ein 325,50 Meter langer Tunnel und eine mehrbogige steinerne Brücke nötig. Es mussten spezielle Lokomotiven für die steile Strecke entwickelt und gebaut werden, sechs C-Tenderlokomotiven, die ersten mit Sandstreuern ausgerüsteten Zugmaschinen.[4] Im Ganzen eine lehrreiche Strecke für den jungen Ingenieur. Am 31. Juli 1854 fand die feierliche Einweihung der vollendeten Linie Hannover-Göttingen statt, der letzte Abschnitt über Hannoversch Münden bis Kassel folgte zwei Jahre später.[5]

Im Oktober 1854 war Köpcke aber schon zum Bau der „steuerfreien Niederlage" nach Harburg versetzt worden mit neuen Herausforderungen beim Bauen am und im Wasser.

Der Hafen von Harburg, an der Süderelbe gelegen, wurde seit Mitte der 1840er Jahre zu einem tideunabhängigen Schleusenhafen ausgebaut mit Bahnanschluss an die Strecke nach Hannover über Celle und Lehrte.[6] Um das Löschen der Schiffe zu vereinfachen und die Waren vor Regen zu schützen, sollte ein Speichergebäude am Kai in Verbindung mit den Bahngleisen entstehen. Das hatten schon Funk und Debo in ihrem grundlegenden Werk von 1851 über den Ausbau des hannoverschen Eisenbahnnetzes gefordert.[7]

Der Beitritt des Königreichs Hannover zum Deutschen Zollverein am 1. Januar 1854 und das anschließende „Regulativ für freie Niederlagen in Verbindung mit Seehäfen" vom 3. Oktober 1854 waren ausschlaggebend für die Konzeption der neuen Anlage (Abb. 17). Der noch unbebaute Platz des Bahnhofs Harburg am östlichen Schifffahrtskanal wurde für den nun in Massivbauweise auszuführenden Neubau bestimmt. Wegen des schlechten Untergrunds und um Kosten bei der Fundamentierung zu sparen, waren der Kopfbahnhof von 1847 und seine Nebengebäude im leichteren Fachwerk ausgeführt.

Für Entwurf und Bau der Hafen- und Bahnhofserweiterungen sowie der steuerfreien Niederlage war August von Kaven zuständig, zuvor als Bauinspektor an der Strecke Hannover-Kassel tätig.[8] Zeitweise waren Ludwig Franzius, Otto Mohr und Franz Andreas Mey-

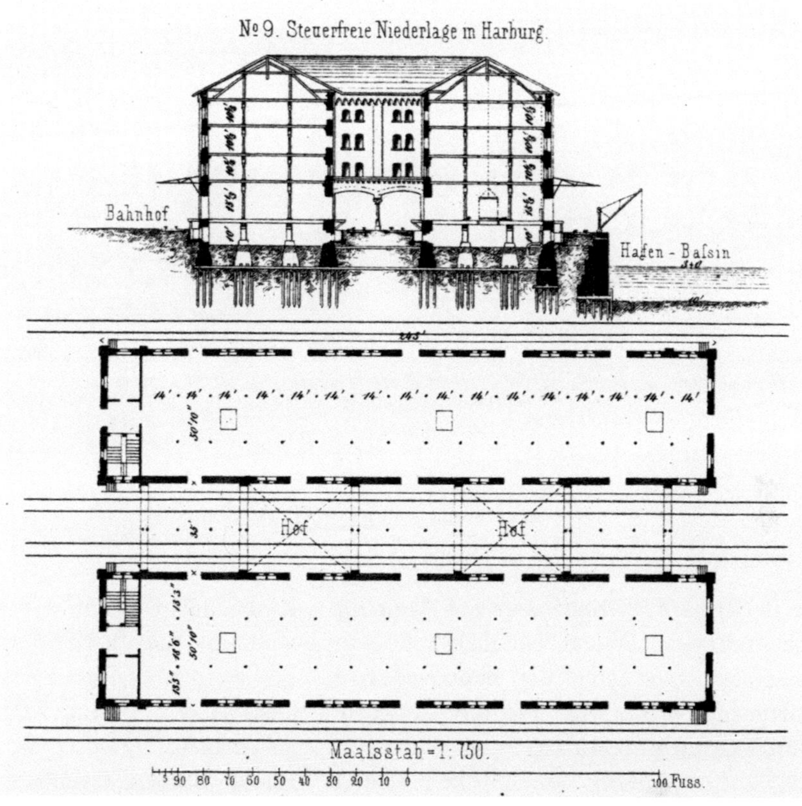

17 Steuerfreie Niederlage Harburg, Grundriss und Querschnitt, 1856

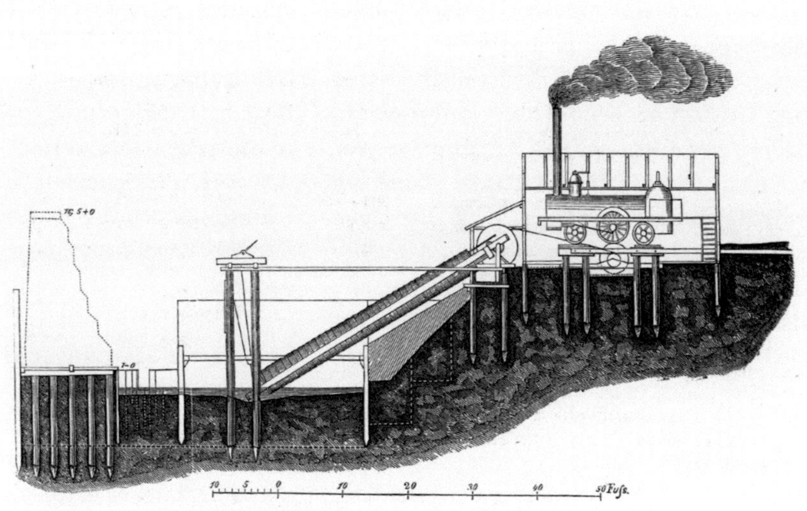

18 Wasserschöpfung mit ausgedienter Maffei-Lokomotive, 1860

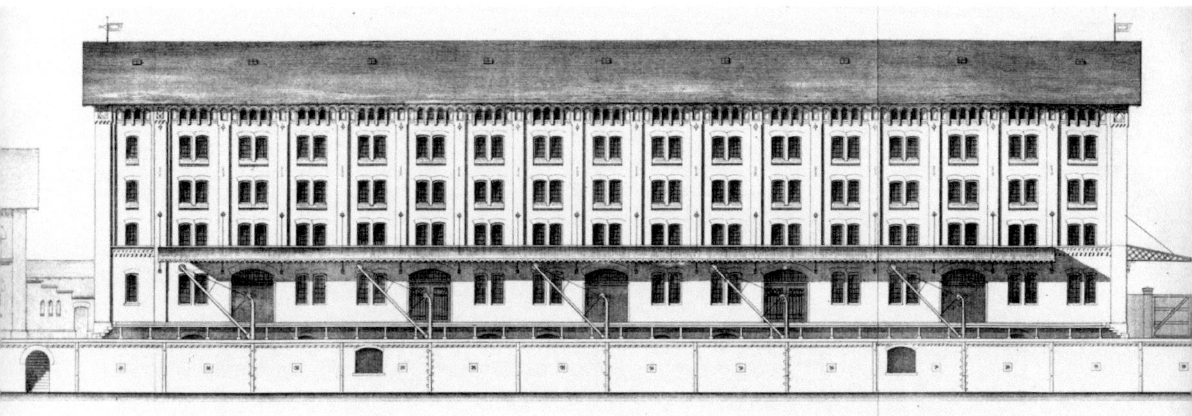

19 Steuerfreie Niederlage Harburg, Längsansicht, 1860

er, der spätere Oberingenieur von Hamburg, am Harburger Projekt beteiligt, alle drei ebenfalls Absolventen der hannoverschen Polytechnischen Schule. Mehrere Entwürfe waren gemacht, bevor das Projekt vom Mai 1855 zur Ausführung kam. Köpcke berichtet ausführlich darüber.[9]

Zur Berechnung von Balken, Trägern und Stützen wurden Hamburger Speicherbauten besichtigt. Planung und Ausführung umfassten außerdem Kaimauer, hydraulische Kräne zum Löschen der Schiffe und eiserne Perron-Dächer. Vor allem der Bau der Kaimauer verlief nicht ohne Probleme, da die Pfähle des Fangdamms nachgaben und die Baugrube volllief. Das Setzen einer Spundwand brachte zusätzliche Kosten und Zeitverlust. Eine alte Maffei'sche Lokomotive betrieb eine archimedische Schnecke zum Leeren der Baugrube, außerdem eine Mörtelmühle und eine Kreissäge (Abb. 18).

Für die Fundamente des neuen Niederlagegebäudes wurden allein 2.619 bis 30 Fuß (ca. 8.76 m) lange und ca. 14 Zoll (ca. 35 cm)

starke Holzpfähle in den sumpfigen Grund gerammt. Nach Berliner und Münchner Vorbild wurde das viergeschossige Gebäude mit ausgebautem Dach in Sichtziegelmauerwerk als „Rohbau" errichtet, das sich auch bei der Hannoverschen Eisenbahndirektion durchsetzte (Abb. 19). Es stand für „Sparsamkeit, konstruktive Wahrheit, Solidität der Ausführung und Modernität".[10] Die Pfeiler waren von den Wandflächen farblich abgesetzt, die Vertiefungen in den Backsteingesimsen mit lichtblauer Oelfarbe gestrichen, „welche Färbung neben dem Ziegelbraun ein lebhaftes Aussehen hervorbringt."[11] Die Sohlbänke der oberen Geschosse waren aus Sandstein, Formsteine wurden wegen des Zeitdrucks nur am Bogenfries unter dem Dachansatz verwendet.

Gusseiserne Säulen nach Hamburger Vorbild trugen die Decken (Abb. 20).[12] Die Berechnung der bis sechs Meter weit auskragenden Perron-Dächer in Harburg geht wohl auf Köpcke zurück, da es dafür, wie er angibt, keine Vorbilder gab (Abb. 21).[13] Nachdem Entwässerung und Pflasterung hergestellt waren,

wurde die vollendete Anlage am 1. Dezember
1857 dem Verkehr übergeben, und Köpcke
wandte sich dem Entwurf von Hafen und
Schleuse in Leer zu (Abb. 22).

Die Harburger Anlage diente auch als Vorbild für die steuerfreie Niederlage in Emden
von 1858–1860. Da sich die Konstruktion der
Harburger Vordächer jedoch teilweise als zu
schwach erwiesen hatte, wurde sie in Emden
verstärkt.[14]

„1858 bestand ich die 2te Staatsprüfung und
wurde bald darauf als Bauconducteur angestellt".[15] Im Technischen Büro arbeitet er
jetzt an Kostenvoranschlägen für das Niederlagegebäude in Geestemünde. Ein Reisestipendium und ein fünfmonatiger Urlaub für
eine Englandreise folgen.[16] Der Vorsprung in
der technischen Entwicklung machen England, Belgien, Frankreich und Holland zu
Pflichtzielen für Ingenieure. Die Reisen dienen vor allem dazu, Informationen für den
Ausbau des Hannoverschen Eisenbahnnetzes
zu sammeln. Einige Reiseberichte sind publiziert, wie der von Köpckes Arbeitskollegen
Hermann Tellkampf über neue englische
Häfen und Brücken von 1857.[17] Auch Köpcke
soll interessantes Material zurückgebracht
haben, kann es aber wegen Krankheit und
Arbeitsüberlastung nicht veröffentlichen. In
seinen weiteren Arbeiten wird es aber seinen
Niederschlag gefunden haben.[18]

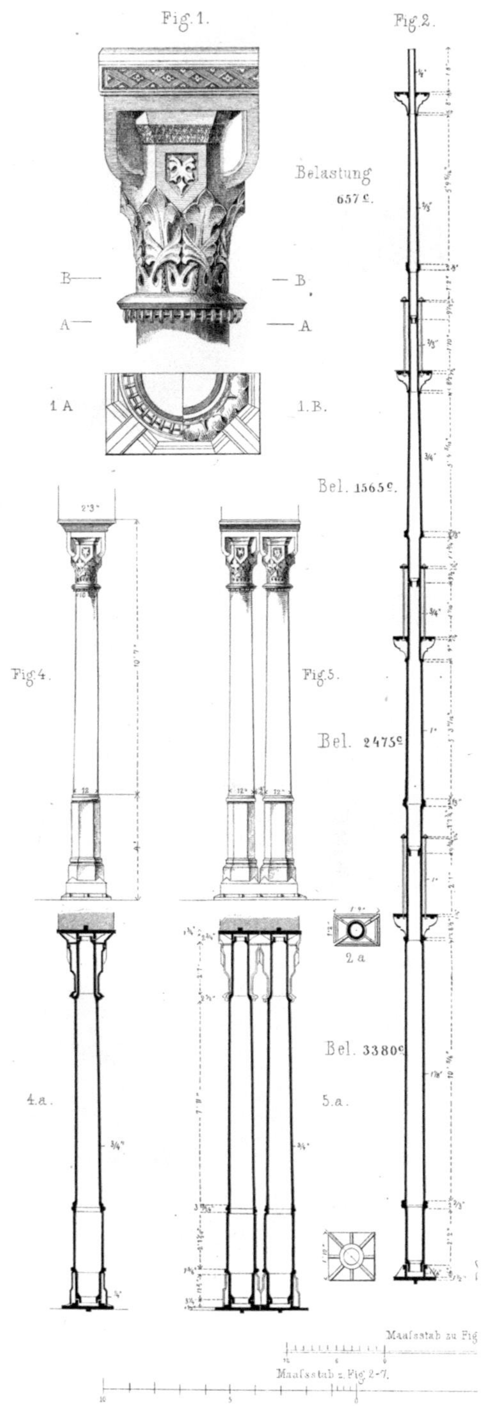

20   Eiserne Säulen, 1860

21 Perron-Bedachung

22 Steuerfreie Niederlage Leer, 2006

Architekten- und Ingenieurverein zu Hannover

Im Zusammenhang mit den Planungen für das Harburger Bauvorhaben veröffentlicht Köpcke 1856 seinen ersten bekannten Beitrag in der Zeitschrift des Architekten- und Ingenieurvereins für das Königreich Hannover (ZAIVH): „Ueber die Dimensionen von Balkenlagen, besonders in Lagerhäusern". Darin setzt er sich kritisch mit den Versuchen und Berechnungen von Durchlaufträgern von Johann Albert Eytelwein auseinander und entwickelt sie weiter.[19]

Im selben Jahr wird Köpcke zum Mitglied gewählt. 1857 folgen „Praktische Beispiele zur Festigkeits-Theorie, mit Tabellen über die Dimensionen von Balken und Trägern bei unterschiedlicher Belastung", und 1860 bringt die Zeitschrift einen umfassenden Bericht mit zahlreichen Plänen über die Harburger Anlage von „Eisenbahnbau-Conducteur Köpcke zu Geestemünde".

Der „Architecten- und Ingenieur-Verein für das Königreich Hannover" (AIVH) war 1851 nach dem Vorbild der Institution of Civil Engineers in England gegründet worden.[20] Zu den 40 Gründungsmitgliedern gehörten neben Funk auch einige von Köpckes ehemaligen Lehrern an der Polytechnischen Schule, Debo, Ebeling, Glünder, Hase und Rühlmann. Zweck des Vereins war, „die einzelnen geistigen Kräfte der Bau- und Ingenieurfächer zu binden, die Baukunst und Ingenieur-Wissenschaften durch gegenseitige Belehrung und gemeinwissenschaftliches Streben zu fördern, den Austausch praktischer Erfahrungen zu vermitteln und dadurch zum Nutzen des öffentlichen und Privatleben zu wirken".[21] 1851 erschien die erste Nummer des „Notizblattes", drei Jahre später in „Zeitschrift des Architekten- und Ingenieur-Vereins zu Hannover" umbenannt. Sowohl über die Zeitschrift als auch bei den achtmal jährlich stattfindenden Versammlungen konnte sich Köpcke mit bauwissenschaftlichen Abhandlungen, darunter Übersetzungen aus eng-

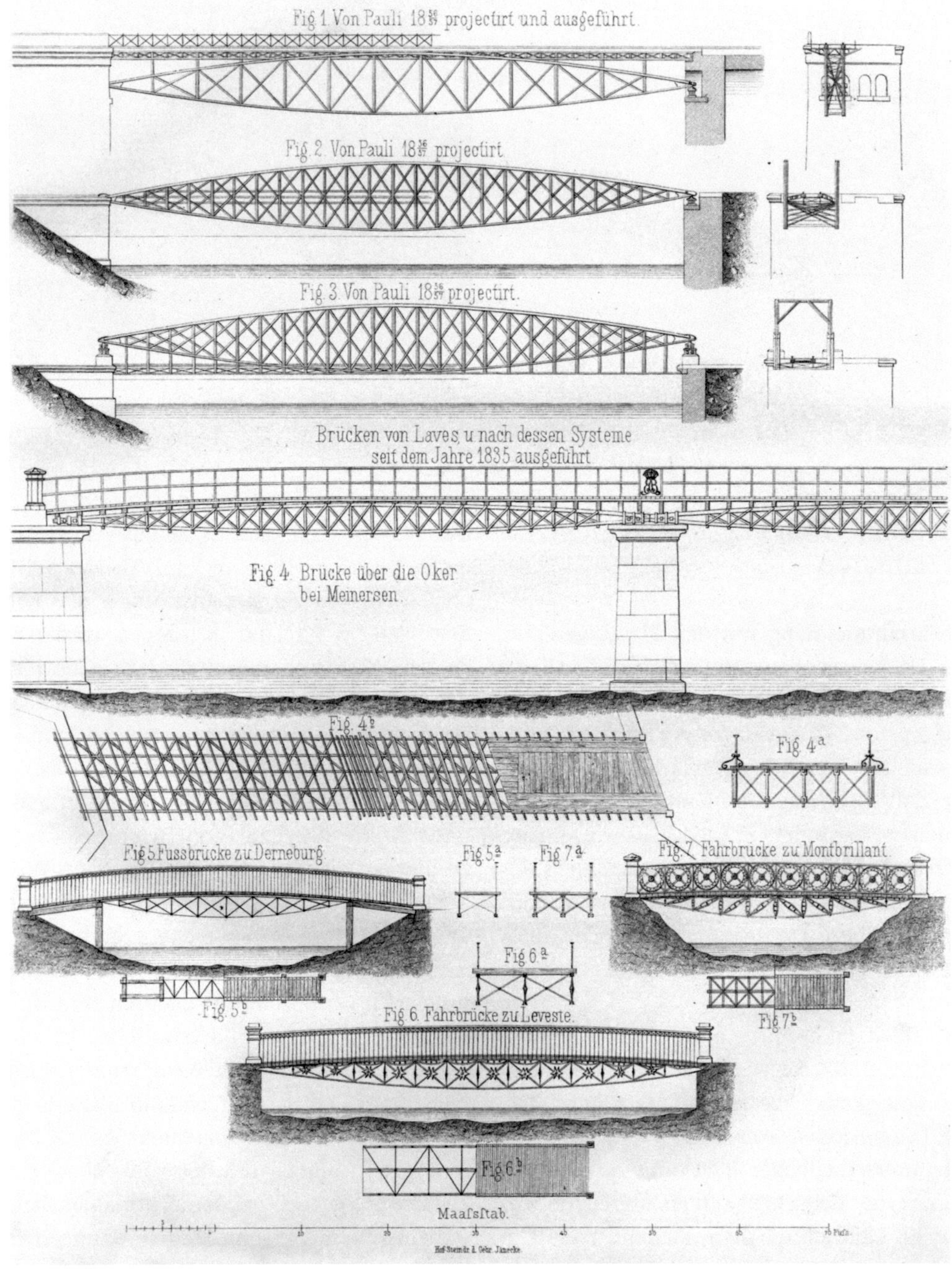

23 „Construction eiserner Balkenbrücken nach Laves System", Fig- 1–3 Brückensysteme von Pauli, 1858

lischsprachigen Zeitschriften, und Vorträgen bekannt machen.

13 Jahre lang war Funk Schriftführer mit der oft mühsamen Aufgabe, für Artikel zu sorgen, die, wie damals üblich, nicht honoriert waren.[22] Ab 1865 führte Köpcke als Nachfolger von Funk neben Hase die Redaktion und war Vorstandsmitglied bis zu seinem Weggang nach Berlin 1868. Da zählte der Verein 569 Mitglieder, die Bibliothek 3.500 Bände und 48 in- und ausländische technische Zeitschriften, vorwiegend durch Tausch gewonnen.[23]

Theoretische Arbeiten über Brücken

Der Ausbau des Eisenbahnnetzes erforderte Planung und Bau zahlreicher Brücken. Mit eisernen Konstruktionen waren größere Spannweiten, Material- und Zeitersparnis eher zu erreichen als mit arbeitsaufwändigen Steinbauten. Eiserne Träger konnten im Werk vorgefertigt und auf der Baustelle montiert werden. Sie wurden zu Köpckes bevorzugtem Interessengebiet.

Zwischen 1851 und 1856 entstanden beim Ausbau des hannoverschen Eisenbahnnetzes, abgesehen von den Steinkonstruktionen, 52 eiserne Überbauten als genietete Vollwandträgerkonstruktionen.[24] Eine Ausnahme war die Glenebrücke bei Godenau auf der han-

noverschen Südbahn mit einem Gitterträger von 15 Metern lichter Weite. Die alte Weichselbrücke bei Dirschau (Tczew), zwischen 1850 und 1857 im Bau, wies schon Gitterträger mit Spannweiten bis 121 Meter auf. Von den Vorteilen von Gitter- oder Fachwerkbrücken gegenüber Vollwandträgern handelt Köpckes erster Beitrag zum Brückenbau.[25]

Noch im selben Jahr erschien ein zweiter Aufsatz. Rühlmann hatte 1857 im AIVH einen Vortrag über die neue Großhesseloher Brücke bei München gehalten. Dabei waren Zweifel an der Urheberschaft des Konstruktionssystems aufgekommen.[26] Der bayerische Ingenieur Friedrich August von Pauli hatte linsenförmige Träger verwendet, die er als eigene Erfindung ausgab. Köpcke wurde, zusammen mit Eisenbahnbauinspektor von Kaven, der mit dem Bau der Eisenbahnbrücke über die Ilmenau bei Bienenbüttel beschäftigt war, und Tellkampf, aufgefordert, den Fall zu überprüfen.[27]

Der hannoversche Hofbaurat Georg Laves galt als Erfinder des Systems und führte damit seit 1835 Brücken in Holz und Eisen aus.[28] Aber auch er hatte nachweislich Vorläufer.[29] So hatten George und Robert Stephenson schon 1823–1825 eine Eisenbahnbrücke auf der Strecke zwischen Stockton und Darlington über den Fluss Gaunless mit linsenförmigen Trägern von je 3,81 Metern Spannweite gebaut. Das Prinzip wurde von dem franzö-

ON THE CONSTRUCTION OF A RIGID SUSPENSION BRIDGE.

By C. Köpcke, Geestemünde, Hanover.

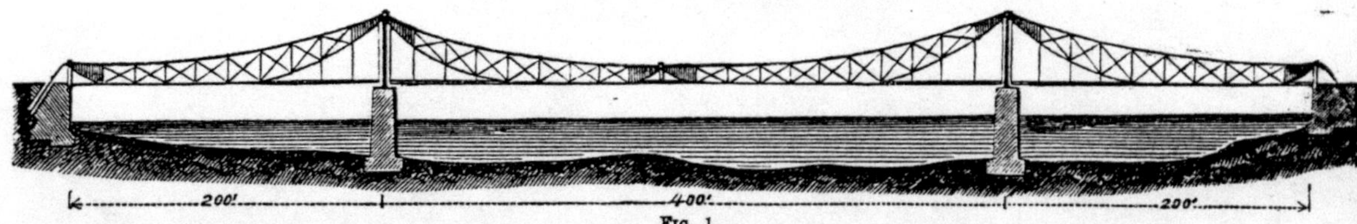

Fig. 1.

THE vertical vibrations to which the common suspension bridges are to a great extent subjected have much restricted the application of these structures and rendered them unsuitable for railway purposes. Several proposals have lately been made to stiffen the suspension bridges, but none of these appear to answer the purpose in a simple and safe manner. The construction to be here described, as shown in Fig. 1, consists essentially of two rigid beams suspended on the pillars and connected by means of hinges, and so curved as to sustain only a strain similar to that of a chain when loaded equally over the whole length, but being strong and rigid enough to counteract the undulations resulting from a heavy transit load (Fig. 2). The calculation of

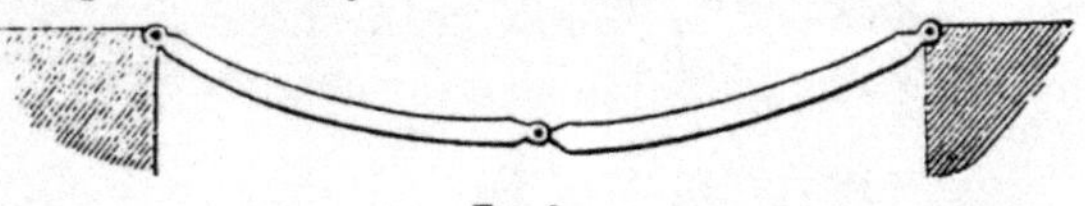

Fig. 2.

the strain in the different parts is based on the theory of the line of tension, which has here a similar application as the line of pressure in the calculation of arches. The essential difference however is this: that in an arch several lines of pressure can always be drawn, everyone of which gives a different result in respect to the strain on the material, so that it remains undecided which line of pressure will actually come into operation. Moreover in an arch the line alters its form according to the temperature, and in consequence of the starting points at the crown and in the abutments not always being the same.

In using hinges which will allow of the beams moving vertically by change of temperature at the points of suspension, as well as in the middle of the opening, the line of tension is at once fixed; it must necessarily pass through those three points, and its form can be ascertained with the utmost precision for any position of the load brought upon the bridge.

Now, when the form of the line for a special case is found it will be possible to calculate the strain on the main chain as well as on the bottom flange, both being connected by lattice-work or diagonal bracing.

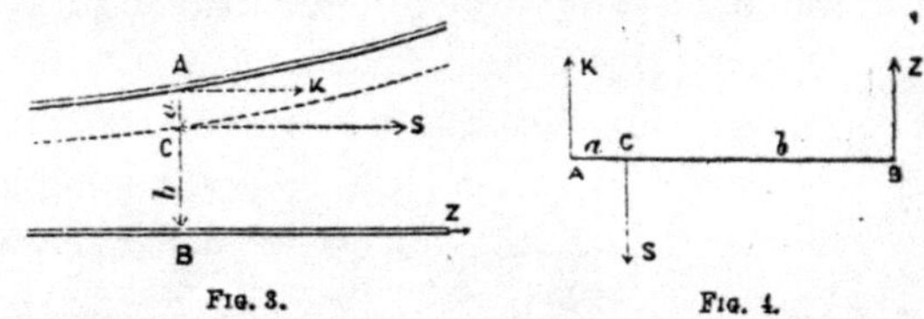

Fig. 3.   Fig. 4.

Let A (Fig. 3) be the main chain, B the bottom beam, and C point of the line of tension calculated for a special case, having the distances a and b from the chain and the beam respectively. The horizontal strain in the line of tension may be called that on the chain K, and that on the beam Z; then there will subsist a relation between the different strains similar to that of a beam resting on two supports and being loaded at a certain point of its length (Fig. 4), viz:—$K \cdot a = Z \cdot b$, and $Z + K = S$

so that $K = S \cdot \dfrac{b}{a+b}$, and $Z = S \cdot \dfrac{a}{a+b}$.

24   „Ueber die Construction einer steifen Hängebrücke", 1860 (engl. Übersetzung)

---

sischen Ingenieur Louis Marie Henri Navier, „Schöpfer der Baustatik", in seinem grundlegenden Werk über Mechanik und Festigkeitslehre 1826 und 1833 veröffentlicht.[30]

In seiner Untersuchung stellt Köpcke Träger von Pauli und Laves mit zahlreichen Abbildungen gegenüber und kommt zu dem Schluss: „Dem Herrn Director Pauli gebührt das Verdienst, die von Laves erfundenen Träger vom gleichen Widerstande an der Fahrbrücke bei Großhesselohe zuerst in einem größern Maßstabe für Eisenbahnbrücken angewendet und dieselben mit großer Sorgfalt ausgeführt zu haben." (Abb. 23)[31] Köpcke weist noch auf eine Brücke hin, die mit zwei Linsenträgern von 138,68 Metern Spannweite die Grosshesseloher Brücke um mehr als das Doppelte übertraf: die Eisenbahnbrücke über den Tamar bei Saltash von Isambard Kingdom Brunel. Sie war noch im Bau, als Tellkampf sie skizzierte und in seinem Reisebericht 1857 veröffentlichte.[32] Er beschreibt die Brücke „als Laves'schen Balken im Gro-

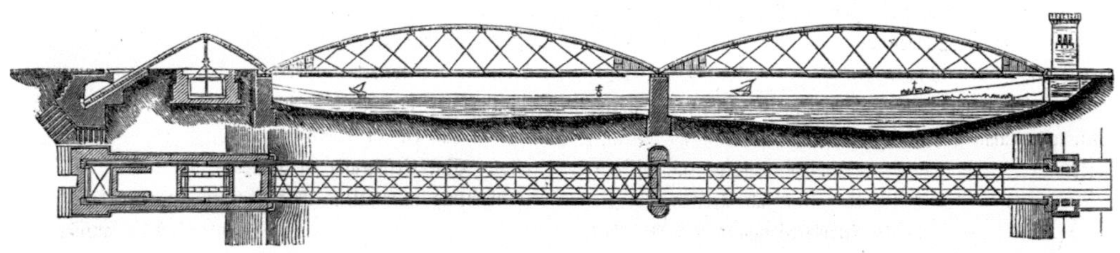

25 „Ueber den Bau eiserner Brücken", 1865

ßen" oder „die Vereinigung einer Bogen- und Hängebrücke".[33]

Die Überprüfung eines österreichischen Projekts einer Hängebrücke, die Köpcke 1856/57 im Auftrag von Kavens durchführt, ist Anlass für den Entwurf mit Berechnungen zu einer „steifen Hängebrücke". Um Schwankungen und Temperatureinflüssen entgegenzuwirken, schlägt er eine Hängekonstruktion mit drei „Charnieren" als statisch bestimmtes System vor. Sie ist durch Sichelträger ausgesteift. Das Dreigelenksystem ist auch auf Bogenbrücken anwendbar. 1860 und 1861 werden die Ergebnisse mit ausführlichen Berechnungen publiziert, Vorüberlegungen, auf die Köpcke 30 Jahre später beim Bau des „Blauen Wunders" in Dresden zurückgreift.[34] Eine englische Übersetzung folgt im „Civil Engineer and Architects Journal" (Abb. 24). Fast gleichzeitig publiziert Wilhelm Schwedler in Berlin ein ähnliches Projekt und empfiehlt, wie Köpcke, das Dreigelenksystem auch für Bogenbrücken.[35]

Die erste versteifte Kettenbrücke für Eisenbahnbetrieb wurde 1859/60 nach dem Patent von Friedrich Schnirch über den Donaukanal in Wien errichtet.[36] Noch vor Köpcke gelang es seinem Konkurrenten Schwedler

1865 mit der Unterspree-Brücke in Berlin, die erste Bogenbrücke Deutschlands mit drei Gelenken auszuführen.[37] Die erste versteifte Hängebrücke mit drei Gelenken war der 1868 bis 1869 erbaute „Eiserne Steg" in Frankfurt am Main von Ingenieur Johann Schmick.[38]

1865 veröffentlicht Köpcke seine Überlegungen „Ueber den Bau eiserner Brücken", „sogenannte Gelenkbrücken, Bogen- und Hängebrücken mit beweglichem Widerlager und constantem Druck resp. Zugwiderstand" (Abb. 25).[39] Erst mehr als 10 Jahre später kann er in Sachsen seine Ideen beim Bau der Riesaer Elbbrücke umsetzen.

Auf der 15. Versammlung deutscher Architekten und Ingenieure 1868 in Hamburg kann der knapp 37-Jährige seine Untersuchungen zu „Eisenbahn-Brücken von großer Spannweite" einem größeren Kreis von Fachkollegen vortragen.[40] Unter den 818 Teilnehmern dürfte wohl kaum ein bekannter Name gefehlt haben. Funk wird durch Akklamation zum ersten Vorsitzenden der Abteilungssitzung für Bauingenieure gewählt. Zum Brückenbau referieren u. a. der Karlsruher Professor Reinhardt Baumeister „Ueber die Architektur der Brücken im Alterthume und Mittelalter" und Baurat Hermann Lohse „über die im Bau begriffene Eisenbahnbrücke über die Norderelbe".

An der Diskussion „über Anlage und Betrieb von sekundären Bahnen" nimmt auch Köpcke teil.[41] Auf die Ergebnisse der Dresdner Versammlung deutscher Eisenbahn-Techniker von 1865 wird verwiesen, die einstimmig die Normalspur auch für Sekundärbahnen gefordert hatte.[42] Zur Weiterbearbeitung wird eine 11-köpfige Kommission ernannt, die auf der 1870 in Karlsruhe geplanten allgemeinen Versammlung berichten soll. Bekannte Persönlichkeiten zählen dazu: Baumeister in Carlsruhe, Funk in Osnabrück, Gerwig in Carlsruhe, Tellkampf in Altona, Buresch in Oldenburg, Freiherr v. Weber in Dresden und Köpcke.[43]

Wegen des Deutsch-Französischen Krieges fand die für Karlsruhe geplante Wanderversammlung erst 1872 statt, das Thema Sekundärbahnen fehlte jedoch im Programm.

Im technischen Büro der Eisenbahndirektion Hannover

„1862 wurde ich zur K. Generaldirektion der Eisenbahnen in Hannover als Hilfsarbeiter versetzt und 1865 zum Bau Inspector und Vorstand des technischen Bureaus daselbst ernannt", schreibt Köpcke in seinen Lebenslauf (Abb. 34).[44] 1864 zog die Behörde in das neue Gebäude der Eisenbahndirektion Am Bahnhofe 23 (Abb. 26).[45] Weiterhin arbeitete Köpcke an der Seite von Kavens, der auch Straßen-, Eisenbahn- und Brückenbau an der Polytechnischen Schule lehrte. Beide sind zu diesem Zeitpunkt unter derselben Adresse zu finden: Große Barlinge 55, äußeres Stadtgebiet.[46]

Funk hatte Köpckes Versetzung veranlasst. Nun wurde er mit „allen vorkommenden „Eisenbahnsachen, bei der Projektierung massiver u. eiserner Brücken, Bahnhofs-Anlagen" betraut, darunter die Planung der Wasserleitung für Hafen und Bahnhof in Geestemünde, der kurz vor der Vollendung stand.[47] Ein erster Artikel über den Oberbau von Eisenbahnen erschien 1864 im ersten Band in Heusinger von Waldeggs „Organ für die Fortschritte des Eisenbahnwesens in technischer Beziehung". Ab Wintersemester 1863 wirkte Köpcke zusätzlich als Repetitor an der Polytechnischen Schule zur Vorbereitung auf die Staatsprüfung. Inmitten seiner Tätigkeit traf ihn ein schwerer familiärer Schicksalsschlag: der Tod seines 21-jährigen Bruders Johann-Hinrich, der gerade sein Studium an der Polytechnischen Schule von Hannover im Fach Maschinenbau abgeschlossen hatte. Das Todesdatum ist in Köpckes Gedenkbuch vermerkt, nicht jedoch das seiner 1852 geborenen und am 10. Februar 1863 verstorbenen Schwester Anna-Catharina.

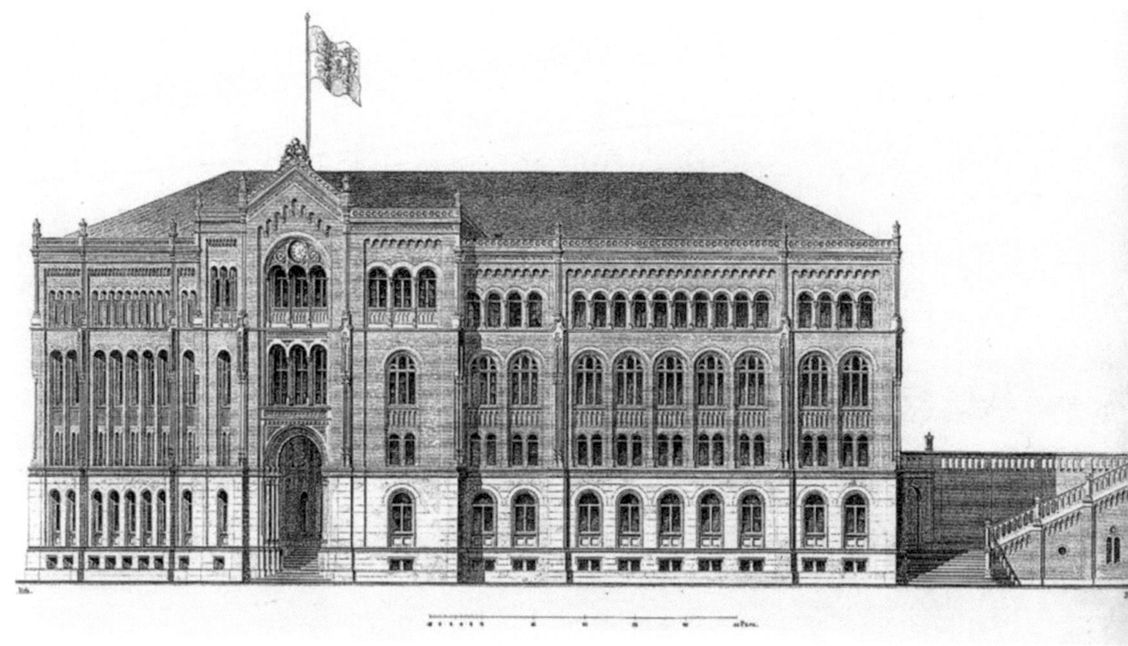

26 Eisenbahndirektion Hannover, 1866

Die Anfänge von Köpckes Beschäftigung mit Glockenstühlen sind wohl in dieser Zeit anzusetzen. Für den Neubau der 1864 fertig gestellten neugotischen Christuskirche in Hannover empfiehlt der junge Bauingenieur dem Architekten Hase einen hölzernen Glockenstuhl; Glockenstühle in Eisen waren noch nicht genügend erprobt.[48] Sie sollten zu einem Spezialgebiet Köpckes werden.

Die Höhe seiner Besoldung lässt sich nur annähernd bestimmen, da die Akten über Eisenbahnsachen fast vollständig vernichtet sind.[49] Da die Grundgehälter der staatlichen Ingenieure in den 1850er Jahren harmonisiert worden waren, kann das Gehalt des Wasserbauingenieurs Franzius als Beispiel dienen: 1865 erhielt er als Hilfsreferent 600 Taler Grundgehalt, 350 Taler fortlaufende Remuneration und 45 Taler Diäten.[50] Als Köpcke 1865 einen Ruf als Professor an das Stuttgarter Polytechnikum erhielt, lehnte er ab, „weil er es vorzog in den ihm liebgewordenen Verhältnissen in Hannover, wo man ihn wesentlich verbessert hatte, zu bleiben".[51] Jedenfalls verdiente Köpcke jetzt genug, um an die Gründung einer Familie denken zu können.

1 Nachruf Funk, in: ZAIV 1889, Sp. 577 ff.

2 SHStA, MfV 15408: Personalakte Köpcke.

3 Ebenda.

4 Festschrift 1983, S. 68. – Die Strecke Göttingen-Kassel wurde am 23. Sept. 1856 eröffnet.

5 Steuerfreie Niederlage: Speicher, in dem Güter zollfrei gelagert werden können.

6 Funk, Adolph/Debo, Ludwig, Die Eisenbahnen im Königreiche Hannover, in: Allgemeine Bauzeitung 1851, Bl. 410, 419.

7 Ebenda, S. 240.

8 Nachruf von Kaven, in: CBV 1891, S. 219 f.

9 Köpcke 1860 (1) sowie Köpcke 1856 u. Köpcke 1857.

10 Hammer-Schenk, Harold, Frühe Eisenbahnempfangsgebäude im Königreich Hannover, in: ICOMOS Hefte des Deutschen Nationalkomitees, Eisenbahn und Denkmalpflege 1, (Tagung Frankfurt a/Main 1990) München o. J., S. 40.

11 Köpcke 1860 (1), Sp. 238.

12 Vorbild: Speicher von Schulte & Schemann 1844, Arch.: Alexis de Chateauneuf (1799–1853).

13 Köpcke 1860 (1), Sp. 312 ff. – Siehe dazu: Wittek, Karl H., Die Entwicklung des Stahlhochbaus …, Düsseldorf 1964, S. 44 f.

14 Bolenius, Albert, Der Bahnhof bei Emden, in: ZAIVH 1864, Sp. 82 ff. - Das noch erhaltene Niederlagegebäude in Leer ist entsprechend ausgeführt. Es wird, wie auch die Niederlage in Emden, Köpckes Mitarbeiter Bolenius zugeschrieben.

15 SHStA, MfV 15104: Lebenslauf Köpcke.

16 Köpcke nennt in seinem Lebenslauf nur England, Funk hingegen auch Holland, Belgien u. Frankreich.

17 Tellkampf 1857. – Ders., Reisenotizen über die neuen englischen Häfen zu London, Grimsby, Sunderland und Plymouth, in: ZAIVH 1857, Sp. 326 ff.

18 Siehe: Köpcke 1863.

19 Siehe auch: Kurrer 2003², S. 209.

20 Nachruf Funk, in: ZAIVH 1889, Sp. 579 f. – Siehe auch: Scholl 1978, S. 253 ff.

21 Adressbuch der königlichen Haupt- und Residenzstadt Hannover 1868.

22 Nachruf Funk, in: ZAIVH 1889, Sp. 580.

23 Ebenda.

24 Wollenweber, Burkhard, Historische Brückenkonstruktionen. Technische Bauwerke der Eisenbahn in Niedersachsen, in: Arbeitshefte zur Denkmalpflege in Niedersachsen 33, Hameln 2006, S. 83.

25 Köpcke 1858 (1).

26 ZAIVH 1858, Sp. 13 f.

27 Eiserner Überbau der Ilmenau-Brücke bei Bienenbüttel, in: ZAIVH 1865, Bl. 333; nach: Mehrtens 1900, S. 54: „erstes deutsches einteiliges Ständerfachwerk".

28 Köpcke 1858 (2), Bl. 113, 114.

29 Kokkelink, Günther, Laves als Erfinder, in: Laves 1989.

30 Navier 1826, Pl. 4.

31 Köpcke 1858 (2), Sp. 310.

32 Tellkampf 1857, Bl. 76. – Ders.: Die Theorie der Hängebrücken, Hannover 1856.

33 Tellkampf 1857, Sp. 166.

34 Köpcke 1860 (2) und Köpcke 1861.

35 Schwedler, Johann Wilhelm, Statische Berechnung der festen Hängebrücke, in: ZfB 1861, Sp. 73-93.

36 Köpcke 1865 (1), Sp. 74.

37 Heinzerling 1868, S. 82.

38 Rödel 1983, S. 166 u. S. 184 ff.

39 Köpcke 1865 (1) u. ZAIVH 1868, Sp. 360.

40 DBZ 1868, S. 444 (Kurzfassung von Köpckes Vortrag). – SHStA, MfV 15408: Nach Funk hieß der Vortrag „Über die Construction von eisernen Brücken für große Spannweiten".

41 DBZ 1868, S. 456.

42 Zeitung des Vereins Deutscher Eisenbahn-Verwaltungen (ZVDEV) 1865, Heft 47, S. 580.

43 ZVDEV 1868, Beiblatt zu Heft 51, S. 759 f.

44 SHStA, MfV 15104.

45 Funk, Adolph, Das Verwaltungsgebäude der Königlichen General-Direktion der Eisenbahnen und Telegraphen zu Hannover, in: ZAIVH 1866, Sp. 443 ff., Bl. 363-365. – Das Gebäude wurde 1860-63 nach den Plänen von Julius Rasch (1830–1887) ausgeführt.

46 Adressbuch der Königlichen Haupt und Residenzstadt Hannover 1866.

47 SHStA, MfV 15408; Köpcke 1867.

48 Köpcke 1884, S. 63.

49 Scholl 1978, S. 23.

50 Ebenda, S. 162, 213.

51 SHStA, MfV 15408. – Über die Berufung Köpckes konnten in Stuttgart keine Unterlagen gefunden werden. August von Kaven, der seit 1861 an der Polytechnischen Schule von Hannover unterrichtete, nahm den Ruf an, sagte jedoch Anfang 1866 wieder ab. Eduard Sonne (1828-1917), ebenfalls an der Polytechnischen Schule in Hannover ausgebildet und im Eisenbahnbau beschäftigt, wurde schließlich die zweite Professur im Ingenieurfach übertragen. Otto Mohr wurde Professor für technische Mechanik, Trassieren und Erdbau.

Familiengründung
1866

27 Friederike Lüdeking, 1865

28 Hochzeitsurkunde 1866, Abschrift

„Erinnerst Du Dich noch des 18. Juni 1865? Damals wurde der 50. Jubeltag der Schlacht bei Waterloo gefeiert und ich habe Dich auf dem Walle vor der Höheren Bürgerschule gesehen. Wie gründlich hat sich Alles geändert; am Wenigsten haben wir gedacht, dass wir schon 4 Jahre später nach Sachsen ziehen würden.", gedenkt Köpcke seines 50. Verlobungstages mit Friederike.[1]

Zwei Wochen später, am 4. Juli 1865, verlobt sich Köpcke mit der 22-jährigen Friede-

29 Inneres der Aegidienkirche Hannover, vor 1886

rike Lüdeking. Sie ist die vierte Tochter des „Königl. Hannöverschen Legations-Canzlisten bei der Hohen Bundestags-Gesandtschaft in Frankfurt am Main a.D. Georg Ernst Gottfried Lüdeking" und seiner Frau Johanna Christiane, geborene Heß (Abb. 27 und 28).[2] Seit 1861 ist Vater Lüdeking als Gipsfabrikant in Hannover aufgeführt, die Familie besitzt dort auch eine Baumaterialienhandlung.[3] Es ist anzunehmen, dass sich das zukünftige Paar über Köpckes Kollegen Hermann Tellkampf kennengelernt hat, der seit 1859 mit Friederikes fünf Jahre älteren Schwester Bertha verheiratet ist.[4]

Die Hochzeit findet am 24. Mai des folgenden Jahres in der Kirche ihres Sprengels, der Aegidienkirche, statt. Die gotische Hallenkirche hatte 1828 einen bemerkenswerten Umbau erfahren: Laves hatte hier wahrscheinlich als erster auf dem europäischen Kontinent im Kirchenbau „gusseiserne industriell gefertigte Bauteile als sichtbare den Raum bestimmende Konstruktions- und Dekorationselemente" verwendet (Abb. 29).[5]

Schon im Juni 1866 beginnt der Deutsche Krieg, der zur Annexion des Königreichs Hannover durch Preußen und zur Schaffung des Norddeutschen Bundes führt. Moderne Waffen, Eisenbahn und Telegrafie tragen wesentlich zum preußischen Sieg bei. Tochter Paula wird im März 1867 geboren. Die neue Wohnung der jungen Familie Am Graben 5 im inneren Stadtgebiet wird schon bald wieder aufgegeben. Im Adressbuch von 1868 ist „Köpke" im Haus der Schwiegereltern in der Louisenstraße 5 in der Nähe seiner Arbeitsstätte am Bahnhof gemeldet.

---

1 Postkarte vom 18. Juni 1890.

2 Institut für Stadtgeschichte Frankfurt a/M, Senatssupplikationen 482/17: Seit 1834 war G. E. G. Lüdeking in der Freien Stadt Frankfurt ansässig. Dort hatte am 3.3.1847 die Familie das Bürgerrecht erworben.

3 Hof- und Staats-Handbücher für das Königreich Hannover 1835-48; Adressbücher der königlichen Haupt- und Residenzstadt Hannover 1860–1875. – Die Schreibweise wechselt zwischen „Lüdeking" und „Lüdecking".

4 Hermanns Vater war der Pädagoge Adolph Tellkampf (1798–1869). Die heutige Tellkampfschule in Hannover ist nach ihm benannt. – Paula Erinnerungen III: Nach Adolph Tellkampfs mathematischen Schriften soll sich Köpcke auf sein Studium vorbereitet haben.

5 Laves 1989, S. 411 u. 528.

Am preußischen Handelsministerium Berlin
1868–1869

Nicht nur die Geburt von Tochter Paula im Jahr 1867 brachte Veränderungen in das Leben der jungen Familie. Der politische Wandel wirkte sich bald auf das Berufsleben des 37-jährigen Ingenieurs aus. Er erhielt „die erste Bauinspector-Stelle" im Technischen Büro der Abteilung für Eisenbahnangelegenheiten des Preußischen Ministeriums für Handel, Gewerbe und öffentliche Arbeiten (Abb. 30).[1]

Am 2. Dezember 1968 schreibt er den ersten seiner noch erhaltenen Briefe von Berlin an seine junge Ehefrau nach Hannover:

„Du lieber Schatz!

Nachdem ich mir eine Stube mit Bett gemiethet weiß ich die so erzielte Wohnung nicht besser einzuweihen als indem ich an dich schreibe.

30 Preußisches Ministerium für Handel, Gewerbe und öffentliche Arbeiten,
     ab 1919 Reichsverkehrsministerium, 1937

Heute musste ich schon um 7 Uhr aufstehen um früh genug zum Minister zu kommen, der von 8 Uhr an und je früher je lieber Besuche annimmt. Ich möchte mir Mühe geben hat er gesagt, das wollt ich thun habe ich gesagt; dann fragte er mich, wann ich angekommen sei, und ich erwiderte: gestern. Damit war ohne viele Worte die Visite beendet. Ich freute mich in meine andern Kleider schreiten zu können […] und ging dann eine Wohnung zu suchen die auch bald gefunden war zumal die erste mir gleich gefiel. […]

Gestern Abend war ich bei Streckert und ging mit ihm und seiner Frau ins Victoria-Theater, wo Aschenbrödel gegeben wurde. Das Stück ist ziemlich toll, aber die Decorationen, Gruppen, Feuer- und Wasserwerke, elektrisches Licht, Mond, Wolken und Anzüge waren prächtig. Die Lieder waren alle mit politischen Witzen versetzt, die das Publicum indessen nicht sehr beklatschte.

Streckert wohnt recht hübsch; die Wohnung ist groß, mit Garten hinter dem Hause, in guter Lage […].

Ich habe niemand sonst, außer Gerke von meinen Bekannten gesehen und will mich nunmehr auf den Weg machen. […]"

Die Theateraufführung, die er zusammen mit seinem neuen Arbeitskollegen, Eisenbahnbaumeister Wilhelm Streckert, besuchte schien ihn sehr beeindruckt zu haben, nicht zuletzt wegen der elektrischen Beleuchtung. Auf der Bühne sorgten Bogenlampen für besondere Effekte, üblich war dagegen immer noch die billigere Gasbeleuchtung, allerdings mit erhöhter Brandgefahr. Auch der Bau selbst war eine Besonderheit: Das Victoriatheater hatte zwei Säle, ein Sommer- und ein Wintertheater mit Bühnen, die getrennt genutzt, aber auch zu einer einzigen im Zentrum eines großen Saals vereint werden konnten.[2]

Streckert war wie Köpcke 1868 nach Berlin gekommen. Als erster Techniker im späteren Reichseisenbahnamt war er beim Ausarbeiten von wichtigen Verordnungen für den Eisenbahnbau und -betrieb beteiligt.[3] Besonders hervorzuheben ist sein Einsatz für die einheitliche Zeitrechnung, die am 1. April 1893 für das gesamte Deutsche Reich verbindlich wurde.[4] Die Mitteleuropäische Zeit (MEZ) war Voraussetzung für den wachsenden Eisenbahnverkehr.

In Berlin traf Köpcke wieder auf ehemalige Studienfreunde und Arbeitskollegen aus Hannover: Franzius lehrte seit 1867 an der Bauakademie das Fach Wasserbau und war ebenfalls im Handelsministerium tätig. In seinen „Erinnerungen" erwähnt er seinen großen Freundeskreis, dem viele ehemalige Hannoveraner angehörten. Dazu zählten die Familien Gercke, Stüve, Meyer und Lüderitz, zu denen sich nun auch die Köpckes gesellten.[5]

31   Köpcke (stehend) mit Freunden, um 1868

Aus dieser Zeit soll eine Fotografie stammen, die Köpcke stehend im Kreis von Freunden zeigt (Abb. 31). Handelt es sich vielleicht um die von Franzius genannten Hannoveraner, darunter er selbst? Wasserbauingenieur Otto Gercke (Köpcke schreibt Gerke) war neben Schwedler als Geheimer Bau- und Vortragender Rat im Handelsministerium tätig.[6] Bauinspektor Rudolf Stüve hatte an den Polytechnischen Schulen in Hannover und München studiert und bei der hannoverschen Eisenbahndirektion mit Köpcke zusammengearbeitet.[7] Auch er war seit 1868 als Baubeamter in Berlin tätig. Im selben Jahr wurde er

mit der Restaurierung der Turmspitze von St. Katharinen in Osnabrück betraut, die im Juni 1868 durch Brand zerstört worden war.[8] Köpcke fertigte Skizzen und Berechnungen für einen eisernen Glockenstuhl an, der 1869/70 aufgestellt wurde (siehe Kapitel Glockenstühle).

Die Wohnung in der Puttkamerstraße 23 in Berlin-Mitte sagte dem Neuankömmling auch wohl deshalb zu, weil sie ganz in der Nähe seiner Arbeitsstätte lag. Das Handelsministerium befand sich in der Wilhelmstraße, Sitz wichtiger Regierungsbehörden.

In unmittelbarer Nachbarschaft stand das gerade vollendete Stadtpalais des Spekulanten und „Eisenbahnkönigs" Bethel Henry Strousberg. Er konnte jedoch nicht lange dieses prächtige, von seinem Hausarchitekten August Orth entworfene Bauwerk genießen, da es bereits 1875 wegen des Bankrotts des „Gründers" in die Konkursmasse kam.[9]

Köpcke vermittelt in seinem Brief vom 5. Januar 1869 einen Eindruck vom damaligen Wohnstandard einer Mietwohnung:

„Ich bin jetzt garçon-mäßig eingerichtet", schreibt er an Friederike nach Hannover, „und habe gestern angefangen ordentlich einzuheizen, um die Mauern einmal durchzuwärmen; die Oefen ziehen gut aber ich habe es noch nicht über 10 Grad gebracht, weil Alles noch so kalt ist. [...] Trink- u. Kaffeewasser hole ich aus dem Brunnen, Waschwasser aus der Leitung in der Badestube, was sehr bequem ist [...]. Ich brenne noch immer die Uhrlampe und sie leuchtet gut, ein Stearinlicht, was ich gefunden, lässt die Zimmer recht dunkel. Ob wir Gas brennen wollen, will ich Dir überlassen. Geld kostet es jedenfalls etwas mehr als Petroleum. Die Einrichtungen dafür sind leicht zu machen. [...]"

Fachlichen Austausch fand Köpcke, wie schon in Hannover, in Vereinen. Am 6. Februar wurde er in den Berliner Architektenverein aufgenommen, dem auch Franzius angehörte. Drei Tage danach sprach Köpcke im Verein für Eisenbahnkunde „Ueber eine Überlade-Vorrichtung auf dem Güterbahnhofe in Manchester" und wurde anschließend zum Mitglied gewählt (Abb. 32).[10] Die Anlage war Vorbild für ein 1884 errichtetes „Umhebegerüst" auf dem Bahnhof Klotzsche bei Dresden. Im Protokoll hielt Schriftführer Schwedler fest: „Der Vortragende erwähnte zunächst die Schwierigkeiten, welche beim Betriebe der Eisenbahnen durch die bedeutende Steigerung des Güterverkehrs erwachsen sind, kam auf die in großem Umfange nothwendig gewordenen Erweiterungen der Bahnhöfe und Vermehrung der Betriebsmittel, die Bestrebungen der Kaufleute und Spediteure, sich eines Theils der Eisenbahnverwaltungen beim Güterverkehr zu bemächtigen, sowie den Anschluss secundärer Bahnen und deren Spurweite." Damit sprach Köpcke ein Thema an, das später für ihn in Sachsen zu einer seiner Hauptaufgaben werden sollte.

Ebenfalls 1869 erschien in der Deutschen Bauzeitung (DBZ) Köpckes Abhandlung „Ueber die Kompression von Körpern mit gekrümmten Oberflächen". Er gibt hier erstmals Berechnungen für Lager mit gekrümmten Flächen wieder, die er für Gleitrollen unter Brückenträgern und für Eisenbahnräder vorschlägt.[11] Somit ist Köpcke in der Berliner Fachwelt eingeführt, allerdings dauerte sein Aufenthalt in Berlin nur sechs Monate. Lag es am dominierenden Schwedler, der

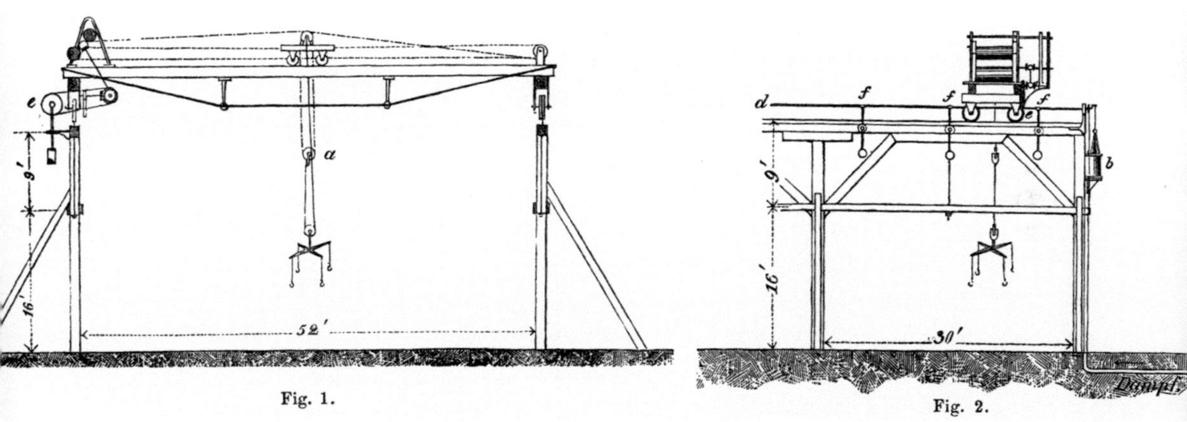

32 Verladevorrichtung auf dem Güterbahnhof Manchester, 1869

als oberster preußischer Baubeamter „die statisch-konstruktive Seite des preußischen Staatsbauwesens" prägte?[12] Oder hatte ihn die Eisenbahnpolitik des Ministers von Itzenplitz, die sich durch freizügige Konzessionen an private Unternehmer auszeichnete, in seinem Beschluss bestärkt, den Ruf an die Dresdner polytechnische Schule anzunehmen? Womöglich lockten auch Prestigegewinn und Aufstiegschancen.

1   ZfB 1869, Sp. 147. – Verzeichnis der angestellten preußischen Staats-Baubeamten, in: ZfB 1869, Sp. 247 ff. – Im „Handbuch über den Königlich Preußischen Hof und Staat" von 1868 wird Köpcke noch nicht aufgeführt. Die Jahrgänge 1869–1871 sind nicht erschienen. – Über Köpckes Tätigkeit im preußischen Handelsministerium konnten keine Akten ermittelt werden.

2   Der Bau wurde 1856–59 nach Plänen von Carl Ferdinand Langhans (1782–1869) errichtet.

3   Nachruf Streckert, in: CBV 1902, S. 191 f.

4   DBZ 1884, S. 286 f.

5   Franzius, Ludwig, Aus meinem Leben, Erinnerungen und Meinungen …, 1896, S. 90.

6   Nachruf Gercke, in: DBZ 1887, S. 96.

7   Zu Stüve siehe: Kokkelink/Lemke-Kokkelink 1998.

8   Stüve 1882.

9   Aspekte der Gründerzeit, (Ausstellungskatalog) Berlin 1974, S. 63 f. – Siehe auch: Ohlsen, Manfred, Der Eisenbahnkönig Bethel Henry Strousberg. Eine preußische Gründerkarriere, Berlin 1987[2]. – Strousbergs „Hausarchitekt" war August Orth. Die Ausführung des 1866–1868 errichteten Görlitzer Bahnhofs in Berlin geht auf ihn zurück, und er gilt als geistiger Vater der Berliner Stadtbahn.

10   Köpcke 1869 (1), Sp. 479 ff.: Protokoll vom 9. Februar.

11   Köpcke 1869 (2), S. 120 f. – Siehe dazu Raboldt 1970, S. 492.

12   Kurrer 2003[2], S. 147.

Professor an der Polytechnischen Schule Dresden
1869–1872

33   Claus Köpcke, um 1880

Berufung und Lehre

Noch plante Köpcke, die Familie nach Berlin kommen zu lassen, doch schon im März erreichte ihn das Angebot der Königlich Sächsischen Polytechnischen Schule in Dresden, die Professur für Wasser-, Straßen- und Eisenbahnbau zu übernehmen (Abb. 33). Er sollte also Nachfolger von Johann Andreas Schubert werden, der 1869 seine Lehrtätigkeit beendete, die er seit der Gründung des Instituts 1828 ausgeübt hatte.[1] Mit der Bitte um Unterstützung bei der Suche nach einem geeigneten Nachfolger wandte sich Direktor Julius Ambrosius Hülsse, Professor für mechanische Technologie und Volkswirt-

schaftslehre, an Carl Theodor Sorge, Oberbaurat am Finanzministerium und Mitglied
der Prüfungskommission für Techniker. Sorge befragte daraufhin Adolph Funk, den er
um 1840 bei den Vorarbeiten der sächsisch-
böhmischen Bahn von Dresden nach Prag
kennengelernt hatte.[2]

Funk rühmt das theoretische Wissen und die
praktischen Fähigkeiten seines ehemaligen
Schülers und Mitarbeiters Köpcke:

„Seine Befähigung als Lehrer hat er bei den
mehrjährigen sehr beliebten Repetitionen
zur Vorbereitung der jungen Techniker für
die Staatsprüfung in Hannover gezeigt. [...]
Der Bauinspector Köpcke ist nebenbei ein
sehr liebenswürdiger gerader und offener
Character, zugleich sehr bescheiden, zu zu
bescheiden, so daß er in seinem Auftreten
nicht den bedeutenden Eindruck macht und
sich nicht so zu Geltung bringt, wie er es bei
seinen so sehr hervorragenden Eigenschaften und Leistungen könnte, dennoch findet
er die allgemeine Anerkennung u Hochschät-
zung.

   Das ist der Mann, den ich zu der ersten
Stelle eines Professors für die polytechnische
Schule in Dresden in Vorschlag bringe und
zwar für Eisenbahnbau, Brücken- und Wasserbau, vorzugsweise für die beiden erstern
Zweige des Bauwesens. Falls die polytechnische Schule ihn gewinnt, kann sie sich gratu-
lieren." (Abb. 34)[3]

Von Dresdner Seite wurde auch von Kaven
als möglicher Nachfolger in Erwägung gezo-
gen, der an Hannovers Polytechnikum als
Dozent tätig war, doch fiel die Beurteilung
Funks recht negativ aus.[4]

Köpcke erklärte sich bereit, die Berufung zum
ersten Professor der Ingenieurwissenschaften, verbunden mit dem Titel eines Königlich
Sächsischen Regierungsrats, anzunehmen.
Seine Bedingungen sind in den Akten des
ehemaligen Finanzministeriums im Sächsischen Hauptstaatsarchiv in Dresden (SHStA)
erhalten: ein Jahresgehalt von 2.000 Talern,
8 bis 9 Vortragsstunden pro Woche, 10 bis 12
Zeichenstunden, geteilt mit einem zweiten
Lehrer, Umzugskosten und einmaliger Miet-
zuschuss, zusätzlich Nebeneinkünfte als Mitglied der Technischen Deputation und der
Kommission für die Staatsprüfungen. Hülsse
fuhr nach Berlin, vermutlich in Begleitung
des mit ihm befreundeten Christian Albert
Weinlig, Ministerialdirektor im sächsischen
Innenministerium, um den Kandidaten zu
begutachten. Nachdem sie Funks positive
Bewertung bestätigt fanden, betrieb Köp-
cke seine Entlassung aus dem preußischen
Staatsdienst (Abb. 35).

34   Köpckes Lebenslauf, 5. März 1868
     (und folgende Seite)

157 Gen. Reg. III/69

D.

Geburtsschein.

Zeugniß in Abschrift
(Original bei den Acten
der Prüfungscommission
zu Hannover)

Zeugniß in Abschrift.
Ct. vor. Gen.

Zeugniß.

Zeugniß.

Zeugniß.

Reße.

Reße.

Reße.

Reße.

Nebst 12 Beilagen.
vereinigt mit No. 2107. III. A. 69

Am 28 October 1831 bin ich zu Barßel
Amts Zark, wo mein Vater als Schiffer lebt,
geboren.

Bis zu meiner Confirmation habe ich die
dortige Volksschule besucht und im Lateinischen, Französischen und Zeichnen Privatunterricht genossen. 1847 kam ich nach Stade in
Hannover, um mich zum Besuch des dortigen Gymnasiums vorzubereiten. Ostern 1848 wurde ich in
die Secunda aufgenommen, verließ jedoch
nach halbjährigem Besuche des Gymnasiums
behufs Eintritts in die Polytechnische Schule zu
Hannover. In Folge der kurzen Dauer des Be-
suchs des Gymnasiums hatte ich vor Zulassung
zum technischen Staatsexamen noch eine Prüfung zu bestehen.

Von 1848 bis 1853 besuchte ich die Polytechnische Schule zu Hannover.

Im März 1853 bestand ich die erste Staatsprüfung, wurde von der königlichen Eisenbahn-
Direction zu Hannover in Beschäftigung genommen
und einige Monate später als Ingenieur-
Assistent beschäftigt.

1858 bestand ich die 2te Staatsprüfung und wurde
bald darauf als Baucondukteur angestellt.
1859 erhielt ich ein Reisestipendium und 5 monat-
lichen Urlaub zur Bereisung von England.
1862 wurde ich zur k. Generaldirection der Eisenbahnen in Hannover als Hülfsarbeiter versetzt,
im 1865 zum Dezernent und Vorstand des
technischen Büreaus daselbst ernannt.

1868 im November bin ich in das technische Eisen-
bahnbüreau des Königl. Preuß. Handelsministe-
riums versetzt.

Meine Beschäftigung fort in Fachrechten
bestand.

1853 bis Juni nach dem technischen Büreau
zu Hannover unter bei bei der bestehenden
Göttingen – Cassel bis

1854 im October, um welche Zeit ich zum
Bau der Büreauverein Niederlegung nach Hamburg versetzt wurde.

1857 kam ich ... hin nach ... zum Bau
der Schleuse und des Hafens verpflicht.

Während des Jahres 1858 war ich mit der Aus-
gabe für die 2te Staatsprüfung zwei
mit theoretischen Arbeiten über Brücken
beschäftigt.

1859 arbeitete ich auf dem tech. Büreau den
Bahn - Aufschlug zum Niederlegung - ...
... in Geestemünde und.

1860 wurde ich nach Geestemünde versetzt wohl
die Niederlegungsbauten unter meiner Leitung
ausgeführt sind.

1863 im Juni kam ich nach Hannover. Vom
Nov 1863 bis März 1864 und in den hier
folgenden Wintern habe ich Vorträge
über die technischen u. Fächer für die
Examinierenden in der Polytechnischen
Schule gehalten.

Berlin 5 März 1868
                    C. Köpcke.

** Der ehemalige hannoversche Eisenbahnbau-Inspector Köpke aus Geestemünde, jetzt königlicher Ingenieur im Ministerium für Handel, Gewerbe und öffentliche Arbeiten in Berlin, durch ausgezeichnete schriftstellerische Leistungen im Ingenieurfache rühmlichst bekannt, hat so eben den ehrenvollen Ruf als Professor der Ingenieurwissenschaften an der königl. Polytechnischen Schule in Dresden (an Stelle des in Pension tretenden Prof. Schubert) erhalten, wobei ihm ein Jahrgehalt von 2000 Thalern geboten wurde.

Köpke ist ein ehemaliger Zögling unseres Polytechnikums, von dem man ziemlich allgemein weiß, daß es nicht nur Hannover, sondern auch dem Auslande vorzügliche Ingenieure, Architecten ꝛc. ꝛc. von höchster Rangstellung geliefert hat; weniger bekannt dürfte die Zahl tüchtiger Lehrer sein, welche aus diesem Institute hervorgegangen ist. Deren sind so viele, daß es, sobald Köpke dem Rufe nach Dresden folgt (was kaum zu bezweifeln ist), zur Zeit keine anerkannte polytechnische Lehranstalt giebt, an welcher nicht Männer aus dem Hannoverschen Polytechnikum wirken.

Abgesehen von denen, welche zum Rufe und Glanze der hiesigen Anstalt beitragen (wie Haase, Debo, Ritter, Grove, v. Kaven, Lüer u. s. w.), nennen wir: die Professoren Siemens in Hohenheim, Rehe in Zürich, Baumeister in Carlsruhe, Hörmann in Berlin, Hoyer in Riga, Sonne in Stuttgart, Mohr daselbst, Kolster in Helfingfors, Leckwe daselbst, Franzius in Berlin.

35   Zeitungsnotiz Hannover, 1869

Noch von Berlin aus bemühte sich der designierte Professor um geeignetes Unterrichtsmaterial: Fotografien bedeutender Brückenbauten, die das Handelsministerium auch an die Dresdner Polytechnische Schule senden ließ.[5] Eine private Schenkung machte der Direktor der Rheinischen Eisenbahn in Köln Emil Hermann Hartwich. Dazu gehörten Fotos seiner 1863–64 gebauten Rheinbrücke in Koblenz, die Max Maria von Weber, Mitglied der Generaldirektion der sächsischen Staatseisenbahnen, für eine der „schönsten und bestkonstruierten" eisernen Eisenbahnbrücken hielt (Abb. 123).[6]

Der Umzug nach Dresden fand in den ersten Julitagen 1869 statt, eine Mietwohnung hatte Köpcke in der Ammonstraße 63 gefunden. Am 13. Juli wurde er in die Kanzlei des Innenministeriums eingeladen. Geheimrat Weinlig trug ihm seine Verpflichtungen als Staatsdiener vor und vereidigte ihn mit der Formel:

„Ich, Klaus Köpke, schwöre hiermit zu Gott, daß ich dem Könige treu und gehorsam sein, die Gesetze des Landes und die Landesverfassung streng beobachten, das mir übertragene Amt als erster Professor der Ingenieurwissenschaften an der hiesigen polytechnischen Schule, so wie jedes künftig mir zu übertragende Amt und jede Verrichtung im öffentlichen Dienste unter genauer Befolgung der gesetzlichen Vorschriften und den Anordnungen meiner Vorgesetzten gemäß nach meinem besten Wissen und Gewissen verwalten und mich allenthalben so betragen will, wie es einem treuen redlichen und gewissenhaften Staatsdiener gebührt;

So wahr mir Gott helfe durch Jesum Christum seinen Sohn, unsern Herrn!"[7]

36 Königliche Polytechnische Schule am Antonsplatz

Die Königlich Sächsische Polytechnische Schule, Köpckes neue Wirkungsstätte, befand sich seit 1844 am Antonsplatz und war von der Ammonstraße bequem zu erreichen (Abb. 36). Vorlesungsbeginn war am 1. Oktober.

Laut Vorlesungsverzeichnis von 1871–1872 unterrichtete Köpcke im Wintersemester Wasserbau und Entwerfen, im Sommersemester Straßen- und Eisenbahnbau II sowie Entwerfen.[8] Das Fach Brückenbau blieb jedoch bei Schuberts ehemaligem Assistenten Wilhelm Fränkel, der seit 1868 als Lehrer für das gesamte Fach Bauingenieurwesen den erkrankten Schubert vertreten hatte.[9] Mit der Berufung Köpckes wurde nun das umfangreiche Gebiet aufgeteilt, wie schon an anderen polytechnischen Schulen geschehen, und Fränkel ebenfalls zum ordentlichen Professor ernannt.[10]

Professor Ernst Hartig lehrte die Fächer Mechanische Technologie und Mühlenbau; mit ihm entwickelte Köpcke Materialprüfungsapparate, so auch 1871/72 für die Forstakademie in Tharandt zur Prüfung mechanischer Eigenschaften von Holz.[11] Auch mit Wilhelm Stein, Lehrer für praktisch-chemische Arbeiten und chemische Technologie, Vorstand der Abteilung für chemische Technik, verband ihn nicht nur der Schuldienst. Um 1870 erstellten sie gemeinsam ein Gutachten für die Friedhofsanlage in Tharandt.[12]

Als Vorstand der Ingenieurabteilung war Köpcke mitverantwortlich für eine Reform des Statuts der Polytechnischen Schule. „Im Jahre 1871 wurde der Beginn des Studiums von dem Nachweis eines Reifezeugnisses eines Gymnasiums oder einer Realschule erster Ordnung abhängig gemacht, die Dauer eines Studiums auf vier Studienjahre im Durchschnitt bestimmt. Eine fünfte Abteilung ‚Die Allgemeine Abteilung', Geschichte,

37 Johann, König von Sachsen (1801/1854–1873)

Kunst- und Literaturgeschichte, Philosophie, Geographie, Mathematik, Physik usw, kam hinzu, (…) und die an deutschen Universitäten sich so gut bewährende Einrichtung von Habilitationen wurde eingeführt."[13] Die Schule wurde nun zum Königlich Sächsischen Polytechnikum.

Ebenfalls 1871 wurde ein Neubau beschlossen, da sich die Schule für 310 Studenten und Hospitanten als zu klein erwies. Die Grundsteinlegung für den Bau am Bismarckplatz folgte ein Jahr später, die Einweihung 1875. Der Entwurf stammte von Rudolf Heyn, Professor für architektonisches Zeichnen und Begründer der Hochbauabteilung. Köpcke übernahm die Berechnung der Deckenkonstruktion mit schmiedeeisernen Gitterträgern

nach „Néville'schem System", die stützenfreie Räume ermöglichten.[14] Sie konnten dann beliebig unterteilt werden.

Eine ehrenvolle Aufgabe erwartete Köpcke noch zum Jahresende: Zum 70. Geburtstag des Königs am 12. Dezember 1871 hielt er den Festvortrag über „die Entwickelung des Transportwesens in der neueren Zeit, mit speciellerem Eingehen auf den Personenverkehr" (Abb. 37).[15]

Neben seiner Lehrtätigkeit war Köpcke im technischen Beirat der III. Abteilung des Finanzministeriums engagiert. Sie war für öffentliche Arbeiten zuständig, darunter Straßen-, Brücken-, Eisenbahn-, Wasser- und Hochbau. Oberlandbaumeister Carl Moritz

38 „Einzug des Kronprinzen Albert an der Spitze der sächsischen Truppen in Dresden am 11. Juli 1871"

Haenel, Wasserbaudirektor Johann Gottlieb Lohse, Finanzrat Max Maria von Weber, Mitglied der Generaldirektion der Staatseisenbahnen, Regierungsrat und Professor Johann Bernhard Schneider und Oberbaurat Sorge zählten zu den Mitgliedern.[16]

Nach einem gemeinsamen Sommerurlaub 1870 in Hannover schreibt der allein nach Dresden zurückgekehrte Köpcke am 13. September an Friederike: „Die Bauerei am Neuen Theater soll jetzt bald losgehen; Semper ist hier. [...] Morgen früh um 8 Uhr ist schon Sitzung der technischen Deputation und übermorgen wieder eine; so ein bisschen Geschäft kann nicht schaden. "[17]

Das Theater war am 21. September 1869 abgebrannt. Der Neubauauftrag ging wiederum an Gottfried Semper, der am 10. September 1870 seine abgeänderten Pläne vorlegte.[18] Im April des folgenden Jahres folgte die Grundsteinlegung. Die örtliche Bauleitung lag in den Händen seines Sohns Manfred, und Haenel, der schon den Bau der Gemäldegalerie und den Umbau des Johanneums zum

Historischen Museum geleitet hatte, erhielt die Oberaufsicht.[19] Sempers zweites Dresdner Hoftheater konnte nach siebenjähriger Bauzeit 1878 eröffnet werden.

Auswirkungen des Deutsch-Französischen Krieges 1870–71 klingen in Köpckes Brief vom 13. September 1870 an: „Franzosen sind heute 1700 nach Schlesien durchgekommen, hier sind noch keine. Der König fährt jetzt ordentlich in Uniform durch die Straßen was ich gestern zum ersten Male sah." Der bis 1873 regierende König Johann, Übersetzer von Dantes „Göttlicher Komödie", galt als „der Gelehrte auf Sachsens Thron". Mag sein, dass er die Uniform nicht besonders schätzte.

Nach der Sedanschlacht am 1. September 1870 wurden französische Kriegsgefangene im Lager Lamsdorf (Łambinowice) in Schlesien einquartiert und in Industrie und Landwirtschaft eingesetzt. In Übigau bei Dresden entstand ebenfalls ein Barackenlager, die Gefangenen mussten auch an Neubauten in der Albertstadt arbeiten.

Köpckes jüngster Bruder Jacob kehrte im April 1871 mit seinem Bataillon von Epernay nach Berlin zurück.[20] In einem langen Brief beschreibt er seine französische Einquartierung, die Rückfahrt mit dem Zug und schließlich den triumphalen Einzug in Potsdam. 5 Milliarden Francs Reparationszahlungen waren von den Franzosen zu leisten, was

wohl bei einigen Heimkehrern Mitleid erregte. „[…] und wir wünschten selbst, dass sie die Summe nicht bezahlten", vertraut Jacob seinem Bruder an. Sie wurden jedoch bezahlt. Monumentale Neubauten wie das Finanzministerium, 1889–1896 auf dem Neustädter Elbufer im Stil der Neorenaissance errichtet, wurden überwiegend mit französischen Geldern finanziert (Abb. 38).

Sächsischer Ingenieur- und Architektenverein

Über seine Unternehmungen als Strohwitwer berichtet Köpcke im Brief vom 3. September 1870: „Gegen Abend bin ich in dem Ingenieur-Verein gewesen um einige Bekannte anzutreffen. […] Die Versammlung war auf dem schlesischen Bahnhofe; gerade ¾ Stunde dauerte der Weg. […] Heute hab ich der Abwechslung halber auf dem Böhmischen Bahnhofe gegessen weil es mir nach einem Besuche von Strick auf seinem Bureau am bequemsten war; von da bin ich mit dem Omnibus nach dem Bautzner Platz gefahren […] Heute Abend bin ich bei Dauch gewesen wo so ziemlich dieselbe Gesellschaft wie immer versammelt war. Hülsse hat Lust eine Reise mit mir nach Zittau zu machen wo ich gern dabei bin."[21]

Noch bevor Köpcke Mitglied im Ingenieurverein war, nahm er an Veranstaltungen

39 Oberingenieur Major a. D. Robert Wilke
(1804–1889)

teil. Hier konnte er Kontakte vertiefen, neue knüpfen und sich über Aktuelles austauschen. Zu den Bekannten, die Köpcke im Verein traf, gehörte auch sein ehemaliger Mitstudent aus Hannover, Christian Heinrich Strick.[22] Er war Mitglied der Generaldirektion der Staatseisenbahnen, die im Böhmischen Bahnhof untergebracht war.

Militäringenieur und Finanzrat Robert Wilke, bekannt als Oberbauleiter der Göltzschtal- und Elstertalbtücke, hielt auf der Versammlung vom 24. April 1870 einen Vortrag über die Vergrößerung der Bahnhofsanlagen in der Dresden-Altstadt während der Jahre 1850–1870 (Abb. 39).[23] Er erläuterte die Projekte für „neue Perronanlagen, Erweiterungen von Straßenüberführungen und Beseitigung z. Z. noch bestehender Straßen-Niveauübergänge durch Über- und Unterführung".[24]

Die Vorüberlegungen zu den Bahnhofsumbauten, mit denen sich Köpcke später befasste, lernte er somit schon zu Beginn seiner Dresdner Zeit kennen.

Anlass zu Diskussionen im Verein gab die bevorstehende Einführung des metrischen Maßsystems im Deutschen Reich am 1. Januar 1872. Hülsse und Weinlig hatten dazu gemeinsam grundlegende Vorarbeiten geleistet. Welche Bezeichnungen waren nun zu wählen? „Ueber die abgekürzte Bezeichnung der Metermaassgrössen" hieß Köpckes Beitrag dazu.[25] Statt der in Frankreich üblichen Begriffe Quadratmeter, Quadratzentimeter und Quadratmillimeter könnten beispielsweise die aus dem Latein abgeleiteten Tafel, Plan und Punkt benutzt werden. Der Kommentar der DBZ-Redaktion: „Dass sie [die Ansicht] durchdringen könnte, glauben und wünschen wir nicht [...]“ Das französische System setzte sich durch. Bis es aber auch eine einheitliche Zeitrechnung (MEZ) gab, sollten noch mehr als 20 Jahre vergehen.

1871 feierte der sächsische Ingenieur-Verein in Dresden sein 25-jähriges Bestehen. Am 14. Mai hielt Sorge in Anwesenheit des Staatsministers von Nostitz-Wallwitz vor mehr als 200 Mitgliedern, Vertretern auswärtiger Architekten- und Ingenieurvereine und geladenen Gästen die Eröffnungsrede.[26] Es war Sorges letzter offizieller Auftritt als Vorsitzender. Wegen des Zuwachses an Architekten nannte man sich nun „Sächsischer Ingenieur- und Architekten-Verein“. In der folgenden 74. Hauptversammlung im Juli 1871 wurde ein neuer Vorsitz und Köpcke auf Vorschlag seines Kollegen Fränkel zum ordentlichen Mitglied gewählt.

Seit 1867 gab der Verein die in den Versammlungen gehaltenen Vorträge als „Protokolle“ heraus, so auch Köpckes Bautzener Vortrag vom November 1871 „Ueber eiserne Glockenstühle“.[27] Noch im selben Jahr erschien sein Beitrag „Ueber Rangiren mit Benutzung eines ansteigenden Ausziehgleises“ in Heusingers „Organ für die Fortschritte des Eisenbahnwesens“.

Wechsel ans Ministerium

Warum Köpcke, trotz seiner erfolgreichen Tätigkeit als Professor, bereits nach drei Jahren aus der Polytechnischen Schule ausschied, geht aus einem Schreiben des Finanzministeriums vom 12. Juli 1872 hervor:

„Der Zuwachs, den das Netz der Staatseisenbahnen im Laufe der letzten Jahre erfahren hat, die im Gange befindlichen neueren Linien auf Staatskosten und die in unserer Zeit auf dem Gebiete des Privateisenbahnbaues hervorgetretenen überaus zahlreichen Unternehmungen haben bei dem Finanz-Ministerium eine außerordentlich starke Vermehrung der in das technische Fach einschlagenden Arbeiten herbeigeführt, welche aller Voraussicht nach eine dauernde sein wird. Der sehr tüchtige und verdiente Referent für technische Angelegenheiten im Finanzministerium [der Geheime Finanzrat Major a. D. Robert Wilke] ist dadurch in einer Weise überlastet, dass nicht nur aus Rücksichten auf dessen Gesundheit, sondern auch zur Aufrechterhaltung eines regen Geschäftsganges während seiner öftern Abwesenheit in Dienstgeschäften die baldige Beischaffung einer Abhilfe dringend nothwendig ist, zumal auch neben den Eisenbahnangelegenheiten hier noch vielfache andere technische Fragen vorkommen, die oft einer raschen Erledigung bedürfen.

Da der Natur der Sache nach für diesen Bereich die Herbeiziehung eines bloßen Hilfsarbeiters nicht genügen würde, beabsichtigt das Finanzministerium für die technischen Angelegenheiten noch einen zweiten selbständigen Referenten anzustellen und hat dabei sein Augenmerk auf den Regierungsrath Köpke gerichtet, welcher schon früher in ähnlichen Stellungen mit gutem Erfolge beschäftigt gewesen ist. Derselbe würde nach einer deshalb privatim eingezogenen Erkundigung auch bereit sein, die ihm zugedachte Stelle zu übernehmen und so weit es sein Amt als Lehrer an der polytechnischen Schule gestattet, schon jetzt bis zu seiner definitiven Anstellung das ihm künftig zugedachte Referat aushilfsweise zu übernehmen, was insofern für das Finanz-Ministerium von großem Werte sein würde als der gegenwärtige Referent in technischen Angelegenheiten zu Herstellung seiner angegriffenen Gesundheit in der allernächsten Zeit sich auf 5 Wochen in ein ausländisches Bad begeben wird. [...]"[28]

Kurz, das Finanzministerium suchte dringend nach einem zweiten technischen Referenten. Der Ausbau des Eisenbahnnetzes und die vielen technischen Fragen waren für den zuständigen Ingenieur Wilke nicht mehr zu bewältigen. Köpcke sagte zu. Ihn musste die Aussicht auf die Tätigkeit im Finanzministerium gelockt haben, denn das bedeutete, auf Bauvorhaben in Theorie und Praxis Einfluss nehmen zu können. Die französischen

Reparationszahlungen machten Großprojekte möglich, die Pensionierung Wilkes stand bevor, und Köpcke würde ihm wohl nachfolgen.[29] Möglicherweise war auch der Familienzuwachs Anlass, sich nach Aufstiegschancen umzutun: Sohn Otto war im Februar desselben Jahres geboren worden, nachdem zwei Jahre zuvor ein Kind tot zur Welt gekommen war.[30]

Das Innenministerium erklärte sich „mit Bedauern" bereit, Köpcke ab Ende Juli 1872 freizustellen.[31] Doch noch standen die Staatsprüfungen der Techniker bevor, die er als Kommissionsmitglied abzunehmen hatte. Viele seiner Studenten fanden dann beim Ausbau des sächsischen Eisenbahnnetzes Beschäftigung. Otto Klette schloss 1872 sein Examen als Bauingenieur mit einer Preismedaille ab und wurde zu einem von Köpckes fähigsten Mitarbeitern.[32] Heute fast vergessen ist Manfred Krüger, der 1869 sein Bauingenieurstudium aufnahm. Er wurde erfolgreicher Eisenbahn- und Brückeningenieur und 1903 Köpckes Nachfolger im Finanzministerium.[33] Auch Friedrich Ulbricht studierte bis 1870 in Dresden, wurde Professor für Telegraphie und Signalwesen und 1910 Präsident der Generaldirektion der Königlich Sächsischen Staatseisenbahnen.[34]

Am 26. Juni 1872 wurde mitgeteilt, „daß Se. Majestät der König geruht haben, den Professor an der polytechnischen Schule, Regie-

rungsrath Klaus Köpcke vom 1. August d. Js.
an zum Geheimen Finanzrath zu ernennen
und daß demselben in Folge dessen vom
gedachten Zeitpunkte das zweite Referat in
technischen Angelegenheiten der Staatseisenbahnen übertragen worden ist."[35] Sein
festes Gehalt wurde um 200 auf jährlich
2.200 Taler erhöht, Anfang Juni 1874 stieg es
um weitere 300 Taler.[36] Da der freigewordene
Lehrstuhl nicht sofort besetzt werden konnte, hielt Köpcke im Wintersemester 1872/73
weiterhin die Vorlesungen über Wasserbau.
Otto Mohr, Professor am Stuttgarter Polytechnikum, konnte schließlich als Nachfolger gewonnen werden.

Auch nach Köpckes Ausscheiden blieben
die Kontakte zum Polytechnikum erhalten,
wozu auch seine Mitgliedschaft bei der Kommission für die Staatsprüfungen der Techniker gehörte. So konnte er, wie schon sein
Lehrer Adolph Funk, weiterhin Begabungen
entdecken und fördern. In seinen Briefen
erwähnt Köpcke George de Thierry, der 1886
sein Studium am Polytechnikum abschloss.
Er hatte ihn wohl Franzius in Bremen weiterempfohlen. De Thierry arbeitete dann eng
mit Franzius zusammen, gemeinsame Veröffentlichungen bezeugen das. De Thierry
erhielt später eine Professur für Wasserbau
an der TH Berlin.[37]

1   Zu Schubert siehe: Conrad, Dietrich, u. a., Johann Andreas Schubert, (Ausstellungskatalog) Dresden 1995.

2   Nachruf Funk, in: ZAIVH 1889, Sp. 577 ff. – Funk war 1867 nach Osnabrück übergesiedelt, wo er im Auftrag der Köln-Mindener-Eisenbahngesellschaft den Bau der Strecke Wesel–Harburg leitete.

3   SHStA, MfV 15 408, Brief Funk vom 13. Jan. 1869.

4   SHStA, MfV 15 104 vom 26.1.1869. – 1869 wurde von Kaven Gründungsdirektor der Polytechnischen Schule in Aachen.

5   Ebenda vom 6.5.1869.

6   Ebenda vom 16.7.1869. Es handelte sich um 10 Blatt der Rheinbrücke bei Koblenz 1862/63, 3 Blatt der Brücke über den alten Rhein bei Griethausen, die Ruhrbrücke bei Mülheim, 8 Blatt der Rhein „Traject" Anstalt (Eisenbahnfähre) bei Rheinhausen.

7   SHStA, MfV 15 408, Bl. 15-16.

8   Programm der Königlichen Polytechnischen Schule zu Dresden für den 44. Cursus 1871–1872.

9   Nachruf Fränkel, in: Civ 1895, Sp. 265 ff.

10 SHStA, MfV 15 252: Acta Dienstbestallungsdekrete für das Personal der technischen Bildungsanstalt 1836–1869 Vol. 1. Fränkel erhält 800 Taler Jahresgehalt.

11 Programm der Königlichen Polytechnischen Schule zu Dresden für den 45. Cursus 1872–1873, S. 39.

12 Brief vom 5. Juni 1886.

13 Ein Jahrhundert sächsische Technische Hochschule 1828–1928, (Festschrift) Dresden 1818, S. 15. – Programm ... für den 44. Cursus 1871–1872, S. 34 f. – Landgraf 1994, S. 20.

14 DBZ 1874, S. 201.

15 Programm ... für den 45. Cursus 1872–1873, S. 37. Der Vortrag konnte nicht ermittelt werden.

16 Staatshandbuch für das Königreich Sachsen 1870. – J. G. Lohse ist vor allem bekannt durch den Bau von Dresdens Marienbrücke (1846–1852). Dr. J. B. Schneider als Professor für Maschinenlehre und Entwerfen, der Eisenbahningenieur M. M. von Weber auch durch seine Schriften zu Eisenbahnthemen und eine Biographie über seinen Vater, den Komponisten Carl Maria von Weber. K. Th. Sorge war für den Bau zahlreicher sächsischer Eisenbahnlinien verantwortlich. Unter seiner Leitung entstand u. a. der große Eger-Viadukt.

17 Staatshandbuch 1870, S. 440: „Technische Deputation nebst Techniker für Wasserlaufregulierungen. ... ein dem Ministerium des Innern beigeordnetes Collegium von Sachverständigen ...", dem Köpcke ebenfalls angehörte.

18 Magirius, Heinrich, Gottfried Sempers zweites Dresdener Hoftheater, in: Gottfried Semper 1803–1879, (Ausstellungskatalog) München 1980², S. 194 ff. u. Katalog S. 92 f.

19 Seit 1956 Verkehrsmuseum Dresden.

20 Brief von Jacob Köpcke an den Bruder vom 6. April 1871 aus Berlin.

21 Pferdeomnibusse waren in Dresden bis 1909 im Einsatz und boten 12-20 Personen Platz – Modell im Verkehrsmuseum Dresden. Die seit 1880 eingesetzten Pferde- und Dampfeisenbahnen verbesserten den öffentlichen Nahverkehr erheblich. Die erste von Werner von Siemens (1816–1892) gebaute, elektrische Straßenbahn kam 1881 in Groß-Lichterfelde bei Berlin zum Einsatz.

22 Mundhenke 1988, Matrikel 1799.

23 Zu Wilke siehe: Beyer, Peter, 150 Jahre Göltzschtal- und Elstertalbrücke im sächsischen Vogtland, Plauen 2001, 2004².

24 DBZ 1870, S. 155.

25 Köpcke 1871 (2), S. 332 f.

26 Protokolle SAIV 1871, S. 1 ff. – Zu den Publikationen des Vereins zählte Sorges Höhenkarte der sächsischen Eisenbahnen von 1867. – 1883 erschien zum ersten Mal das „Jahrbuch" des SIAV, das jedoch bereits nach seinem zweiten Erscheinen eingestellt wurde. Die Vereinsberichte wurden in den „Civilingenieur" aufgenommen.

27 Köpcke 1871 (3). Siehe auch: ZAIVH 1872, Sp. 635 ff.

28 SHStA, MfV 15106, S. 253 ff. Siehe auch FM 4234, 4235. – Im Gegensatz zum Kgr. Hannover (Innenministerium) und Preußen (Handelsministerium), war im Kgr. Sachsen das Finanzministerium für Eisenbahnbau zuständig.

29 SHStA, FM 4235, S. 113: Wilke hatte im Nov. 1874 55 Dienstjahre erfüllt.

30 SHStA, MfV 15 408, März 1870.

31 SHStA, MfV 15 106, S. 256 ff.: Minist. d. Innern an d. Finanzministerium vom 15. Juni 1872.

32 Nachruf Klette, in: Organ 1897, S. 226 f. – Vgl. Liste Studierender ... Polytechnikum Dresden (1828-) 1836–1887.

33 Nachruf Krüger, in: Organ 1926, S. 376 f.

34 Siehe ZBV 1919, S. 180.

35 SHStA, FM Nr. 4234, S. 138.

36 SHStA, FM Nr. 4235, S. 102 b, 1. Juni 1872.

37 George Henry de Thierry (1862–1942), Studium 1884–1886 am Polytechnikum Dresden, 1912 Baurat, 1903–1929 Professor, 1920 Ehrendoktorwürde, Lehrtätigkeit bis 1831.

Am sächsischen Finanzministerium Dresden
1872–1903

Die III. Abteilung des Finanzministeriums, der Köpcke nun angehörte, war zuständig für öffentliche Arbeiten und Verkehrsmittel, Straßen-, Brücken-, Eisenbahn-, Wasser- und Hochbau, Aufsicht über den Betrieb der Staatseisenbahnen und die Prüfungen für den höheren Staatsdienst in den entsprechenden Fächern. Unter ihrem Direktor Julius Hans von Thümmel arbeitete Köpcke neben Robert Wilke bis zu dessen Pensionierung 1875.[1]

Das Finanzministerium befand sich noch am Schlossplatz im ehemaligen Fürstenbergschen Palais (Abb. 40). Erst 1896 konnte der von dem Semper-Schüler Otto Wanckel geplante Neubau auf dem Neustädter Ufer bezogen werden (Abb. 41 u. 42). Das alte

40 Altes Finanzministerium am Schlossplatz, vor 1899

41   Neues Finanzministerium auf dem Neustädter Ufer,
     um 1895

42   Giebelmosaik am neuen Finanzministerium, 2011

Gebäude samt Brühlschem Palais und Charonschem Haus mussten dem neuen Ständehaus von Paul Wallot weichen.

Im März 1876 zog die Familie von der Ammonstraße in die Halbe Gasse 14 zwischen dem Stadtzentrum und der Bürgerwiese mit ihren repräsentativen Bauten.[2] Hier hatte Semper in den 1840er Jahren das Stadtpalais des Bankiers Oppenheim gebaut. Dass die Familie 1878 schon wieder umzog, lag am fehlenden Sonnenlicht und Grün. Vor allem Sohn Otto hatte mit Krankheiten zu kämpfen. Paula erinnert sich: „Unser damaliger Hausarzt Dr. Brückmann hatte den Eltern dringend geraten aus der (ziemlich) sonnenlosen Halben Gasse ins Freie an die Stadtgrenze zu ziehen. Wir hatten dort einen Garten,

43 Köpcke mit Ehefrau Friederike und Tochter Irene am
Nivelliergerät, um 1890

den wir lebhaft benutzten und gegenüber dem Haus unbebaute Plätze, Sonne und weite Aussicht." (Abb. 43)[3] Die neue Wohnung lag in der Strehlener Straße 53 im zweiten Obergeschoss. Noch war die Bebauung locker, das sollte sich jedoch bald unter dem Druck des rasanten Bevölkerungswachstums ändern (Abb 44 u. 45).[4] Für Köpcke war die Nähe zur Eisenbahndirektion im Böhmischen Bahnhof und zum neuen Sitz des Polytechnikums am Bismarckplatz sehr günstig (Abb. 46).

Friederike, die fest an ihrer alten Heimat hing, verbrachte fast jedes Jahr mehrere Wochen bei Mutter und Schwester Marie in Hannover. Dorthin berichtete Köpcke am 11. Juni 1890, als schon der Umbau der Gleisanlagen des künftigen Hauptbahnhofs in unmit-

44 Villa in der Strehlenerstraße, um 1890

45 Hinterhöfe der Strehlenerstraße, vor 1912

46 Blick von der Strehlenerstraße auf die Ostbahn mit Anglikanischer
Kirche vor dem Bau der Eisenbahndirektion, um 1890

telbarer Nachbarschaft begann: „Das Auffal-
lendste ist uns natürlich das rasche Wachsen
des Hauses uns gegenüber. Es wird aber, wie
es scheint, recht erfreulich aussehen, da man
gelbe Ziegel verwendet."[5] Doch wurden in
Dresden Mietskasernen des Berliner Typus
durch Höhenbegrenzung der Straßenbebauung und der Hinterhöfe sowie durch hygieni-
sche Auflagen weitgehend verhindert.[6]

Sekundärbahnen – Schmalspurbahnen

Bei Köpckes Amtsantritt waren die wichtigsten Eisenbahnstrecken nach Berlin, Prag, Breslau und anderen großen Städten des 1871 gegründeten Deutschen Reiches zum größten Teil in Betrieb mit der von England übernommenen Normalspurweite von 1435 Millimetern (4' 8½"). Bisher vernachlässigte Gegenden sollten nun durch einfachere Sekundärbahnen erschlossen werden, die nicht den Bestimmungen der kostenintensiven Hauptbahnen unterlagen.

Sechs allgemeine Regeln „über Anlage und Einrichtung von Sekundärbahnen" waren auf der Versammlung deutscher Eisenbahn-Techniker 1865 in Dresden aufgestellt worden.

„1) Secundäre Bahnen haben dieselbe Spurweite zu erhalten wie die Hauptbahnen und sich unmittelbar an letztere anzuschließen.

2) Sie sind mit möglichster Kostenersparnis, eingleisig, mit stärkeren Steigungen und schärferen Kurven, schwächerem Unterbau und leichterem Oberbau anzulegen, auch in den Dimensionen des Bahnkörpers, namentlich in der Breite der Bahnkrone und der Bettung, geringer zu halten wie die Hauptbahnen.

3) Die Ausdehnung und Einrichtung der Stationen ist auf die Nothwendigkeit zu beschränken.

4) Die secundären Bahnen sind in der Regel mit Locomotiven zu betreiben, wofür aber mit Rücksicht auf die starken Kurven und Steigungen, sowie auch die schwächere Constructions der Bahn, die Anwendung von leichten vierrädrigen Maschinen mit kleinen Rädern sich empfiehlt.

5) Der Uebergang der Güterwagen von den Hauptbahnen auf die Nebenbahnen, ist zur Vermeidung der Umladung, wenn irgend möglich, zuzulassen. Das eigene Betriebsmaterial der Nebenbahnen ist möglichst einfach und öconomisch, jedoch so einzurichten, dass es auch auf Hauptbahnen übergehen kann.

6) Die geringe Geschwindigkeit und die Seltenheit der Personenzüge auf den Nebenbahnen gestatten die Weglassung der meisten kostspieligen Einrichtungen, welche bei Hauptbahnen im Interesse der Sicherheit des Publikums für nöthig gehalten werden."[7]

Mit dem Zusatz, „die Wohltaten des Eisenbahn-Verkehrs allen Theilen eines Landes zukommen zu lassen, tritt an die Eisenbahntechniker die Aufgabe heran, Bahnen zu projectiren und auszuführen, welche auch bei verhältnismäßig sehr geringem Verkehr einen lohnenden Betrieb gestatten", wurden die allgemeinen Regeln von der Dresdner Versammlung akzeptiert.

Anhand von Beobachtungen an sparsam gebauten und betriebenen kleinen Bahnen in Schottland war in Frankreich am 12. Juli 1865 ein Gesetz „über Eisenbahnen von lokalem Interesse" erlassen worden.[8] Innerhalb

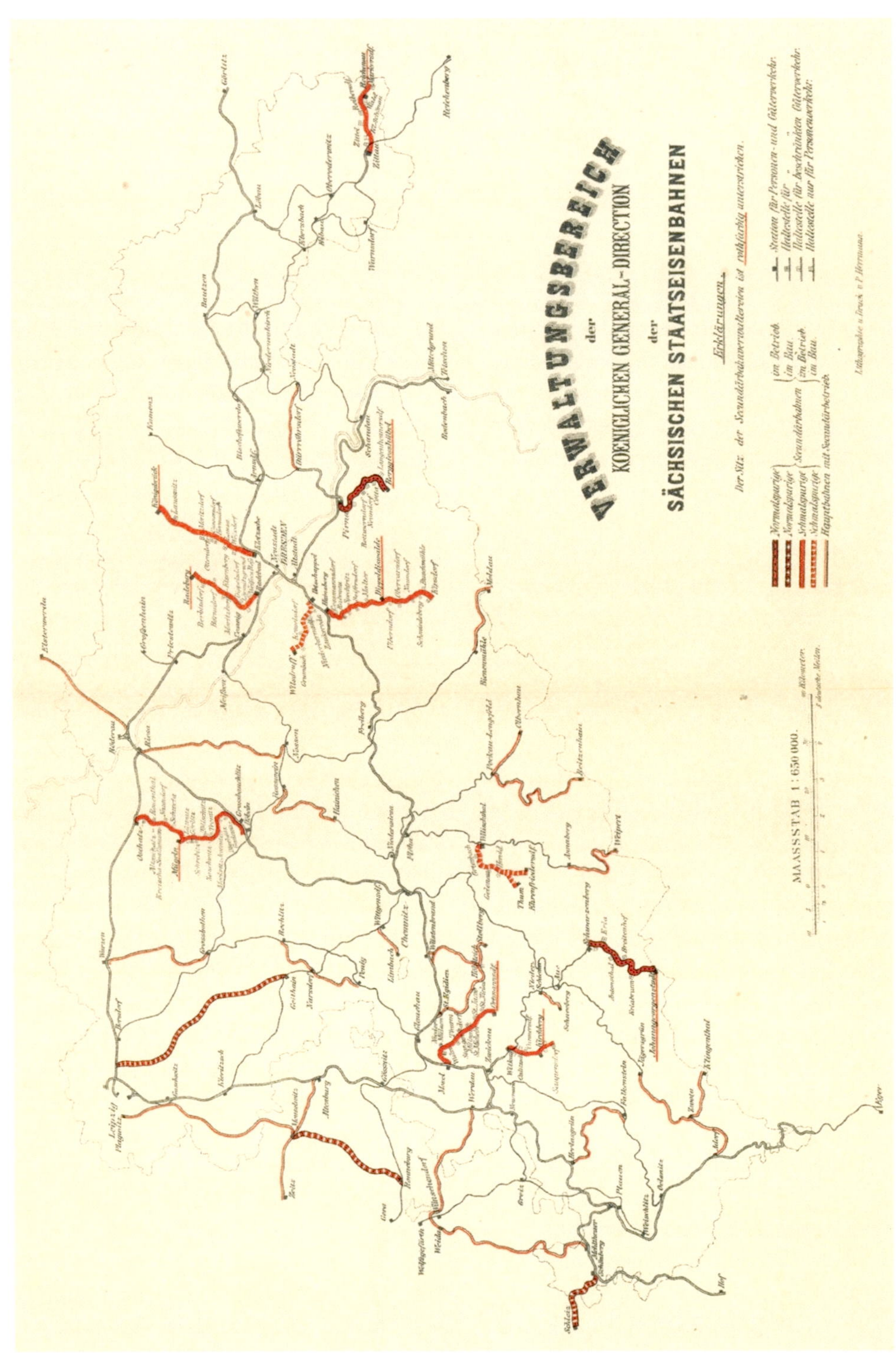

47 Sekundäreisenbahnen des Königreichs Sachsen, 1886

von zehn Jahren entstanden 1.257 Kilometer Lokalbahnen, die sich aber kaum von den Hauptbahnen unterschieden. Wegfallen konnte unter Umständen die für Hauptbahnen vorgeschriebene Einzäunung des Bahnkörpers, oder leichtere Schienen wurden verwendet. Auch die Schmalspurbahnen Englands, Schwedens, Norwegens, Indiens, Australiens und Amerikas fielen unter den Begriff Sekundär-Eisenbahnen.

Auf der 15. Versammlung Deutscher Architekten und Ingenieure in Hamburg im September 1868 wurde eine Kommission beauftragt, Anlage und Betrieb von sekundären Bahnen zu untersuchen. Köpcke gehörte ihr an. Zu den Dresdner „allgemeinen Regeln" von 1865 kam noch eine Untersuchung des Österreichischen Ingenieur-Vereins samt Empfehlungen zu größerer Freiheit beim Anlegen von Sekundärbahnen, darunter abweichende Spurweiten mit entsprechenden technischen Bestimmungen.[9] Im Juli 1869 nahm die Generalversammlung des Vereins deutscher Eisenbahnverwaltungen in Wien die „Grundzüge über die Anlage sekundärer Bahnen" an.[10] Sie sollten auch bei der Vergabe von Konzessionen an private Unternehmer verbindlich sein. Nach mehrmaliger Überarbeitung konnten die „Grundzüge" schließlich auf der Münchner Generalversammlung des Vereins deutscher Eisenbahnverwaltungen am 31. Juli 1876 verabschiedet werden.[11]

Mehrere Privatunternehmen, die seit Anfang der 1870er Jahre Bahnen in Sachsen gebaut hatten, wurden bis 1876 vom sächsischen Staat aufgekauft. Das betraf die Leipzig-Dresdner und die Chemnitz-Aue-Adorfer Bahn sowie die Strecke Mehltheuer–Weida, die seit 1874 von Strousberg betrieben wurde. Aus Kostengründen wurde sie als normalspurige Sekundärbahn ausgebaut, wie auch die Linien Pirna–Berggiesshübel von 1878 und Schwarzenberg–Johanngeorgenstadt von 1880 (Abb. 47).

Schmalspurbahnen dagegen eigneten sich besonders dort, wo enge Kurven und raumsparende Trassen erforderlich waren, wie im gebirgigen Sachsen. In seinem Vortrag „Statistisches zur Lokalbahnfrage" in der Hauptversammlung des SAIV am 21. Mai 1876 bemühte sich Köpcke, die Gegner von Schmalspurbahnen mit Statistiken zur Rentabilität umzustimmen. Für schmalspurige Bahnen spreche, „dass dieselben ganz ohne Zweifel geeigneter sind, bei schwachem Verkehre auch Nutzen zu stiften, dass sie sich weiter verästeln, dem Versender und Empfänger unmittelbarer nähern können als Normalspurbahnen, indem sie sogar bewohnte Orte – wie die Bröltalbahn lehrt – durchziehen."[12] Bis dahin waren in Deutschland außer zwei Kohlebahnen und einer Torfbahn nur die 1870 eröffnete Bröltalbahn (Siegkreis) mit 785 Millimetern und die Ocholt-Westersteder Bahn (Oldenburg) mit 750 Millimetern Spurweite seit 1876 für öffentlichen Personen- und Güterverkehr in Betrieb.

Köpcke bezog sich auf Carl Theodor Sorge, der seit Beginn der 1870er Jahre unermüdlich die Vorteile von Bahnen untergeordneter Bedeutung, darunter vor allem die der Schmalspurbahn in gebirgigem Gelände, nachgewiesen hatte: „Es muß daher für jeden einzelnen Fall die Wahl des Systems erwogen werden; für das Flachland wird sich mehr die Normalspur-, für das Gebirge dagegen mehr die Schmalspurbahn eignen.“[13] Und weiter: „Localbahnen sind mit normaler Spur von 1,435 m und als schmalspurige mit 0,75 m Weite anzulegen“.[14] Sorge ergänzt seine schon 1873 bearbeiteten 38 Linien für Sachsen, darunter auch die allerdings als normalspurig geplante Sekundärbahn Wilkau-Kirchberg, mit Kosten- und Rentabilitätsberechnungen.[15]

Sorge, für seinen Einsatz beim Bau der Zwickau-Schwarzenberger Kohlebahn 1858 vom König ausgezeichnet, war es nicht vergönnt, seine Pläne in die Praxis umzusetzen.[16] Das übernahm Köpcke nach dessen Tod 1876. Noch kurz zuvor war in der DBZ zu lesen: „Hrn. Oberbaurath a. D. Sorge, Direktor der – leider auch in Liquidation befindlichen – Sächs. Eisenb.-Baugesellsch. gebührt das Verdienst, im sächs. Ing.- u. Archit.-Verein durch Broschüren und durch Vorträge auf den Werth der Sekundärbahnen für Sachsen zuerst hingewiesen zu haben.“[17] Bis heute hat er nicht die verdiente Anerkennung erfahren.

Trotz der geleisteten Überzeugungsarbeit und der in München angenommenen „Grundzüge“ fand die schmale Spur am 14. November 1877 im sächsischen Landtag keine Zustimmung. Wohl aber mag Köpckes Gutachten vom 25. April 1878 zur schmalspurigen Feldabahn im benachbarten Großherzogtum Sachsen-Weimar-Eisenach zur späteren Befürwortung der schmalen Spur beigetragen haben.[18] Es empfiehlt die Schmalspur auf öffentlichen Straßen und den Oberbau nach dem Hartwich-System: Verlegung der Schienen im Straßenplanum ohne Querschwellen, mit eisernen Abstandshaltern der Schienen; in freiem Gelände sollten sie jedoch auf Schwellen liegen.

Am 10. August meldet die neue „Felda-Zeitung“: „Vorige Woche fand eine Bereisung der Feldabahn statt, an der auch der Geh. Finanzrath Köpcke aus Dresden sowie Herr Krause aus München teilnahmen, und wurden bei dieser Gelegenheit von erstgenanntem Herrn, der ein energischer Vertreter der Schmalspurbahn ist, die Ansicht ausgesprochen und begründet, daß es zweckmäßig und im Interesse der Ortschaften sei, die Bahn, soweit irgend möglich, durch die Ortschaften zu führen, da dann den Bewohnern die Benutzung der Bahn viel bequemer und leichter gemacht werde, als wenn sie ihre

Güter erst nach vielleicht mehrere hundert Meter entfernten Bahnhofe fahren müßten."[19]

Nach den Plänen des Baumeisters und Betriebs-Ingenieurs Wilhelm Hostmann wurde daraufhin die Feldabahn als erste Meterspurbahn Deutschlands gebaut.[20] Auftraggeber war das Großherzogtum Sachsen-Weimar-Eisenach, in die Finanzierung flossen französische Reparationsgelder ein, Generalunternehmer war die Locomotiv-Fabrik Krauss & Comp., München. Am 22. Juni 1879 wurde die erste Teilstrecke Salzungen-Langsfeld für den Personenverkehr freigegeben.. Damit zählt der am Hannoverschen Polytechnikum ausgebildete Ingenieur Hostmann wie auch Ernst Buresch, Erbauer der Ocholt-Westerstedter Bahn, zu den Wegbereitern der Schmalspurbahnen in Deutschland.

Am 1. Juli 1878 trat die „Bahnordnung für Deutsche Eisenbahnen untergeordneter Bedeutung" in Kraft, die erhebliche Kosteneinsparungen für Anlage und Betrieb ermöglichte.[21] Nach zahlreichen Diskussionen stimmte der sächsische Landtag am 8. Dezember 1879 dem Dekret Nr. 24 „die Erbauung mehrerer Secundäreisenbahnen betreffend" zu. Darin waren die Spurweite von 750 mm für Sachsens Schmalspurbahnen, 30 Stundenkilometer Maximalgeschwindigkeit und 30 Meter kleinster Kurvenradius festgelegt; der Bau der ersten drei Linien war

48 Umhebegerüst, 1886

genehmigt.[22] Das Hauptproblem, das Umladen von Gütern von Schmal- auf Normalspur und umgekehrt, blieb bestehen, es sollte jedoch durch spezielle Vorrichtungen bewältigt werden.

„Die erste Schmalspurbahn Sachsens ist die am 17. Oktober 1881 eröffnete 6,5 km lange Strecke von Wilkau nach Kirchberg. Die Spurweite beträgt 0,75 m, die größte Steigung 1/40, der kleinste Krümmungshalbmesser 70 m, die Fahrgeschwindigkeit 15 km in

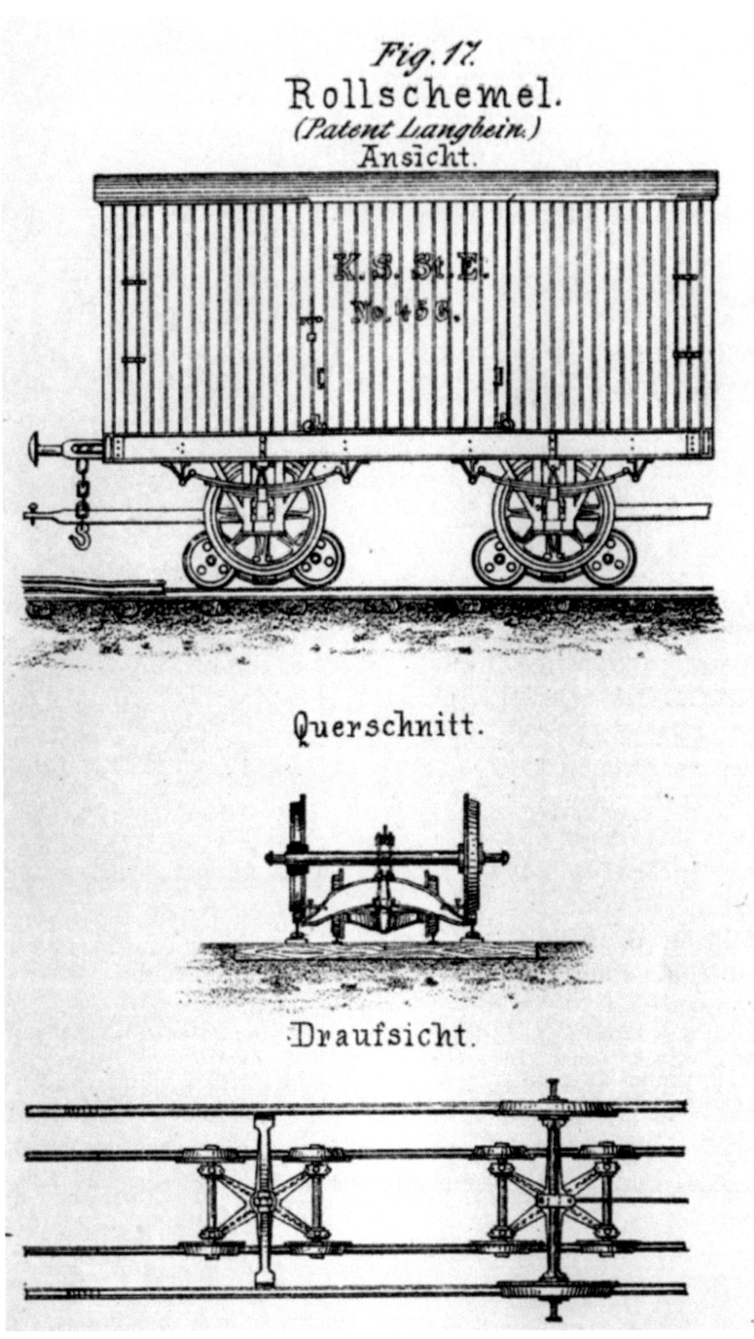

49 Rollschemel am Bahnhof Klotzsche, 1886

der Stunde.", ist in der Zeitung des Vereins deutscher Eisenbahnverwaltungen zu lesen.[23] Köpcke und seine Mitarbeiter Oberingenieur Bergmann und Sektionsingenieur Rühle v. Lilienstern, Absolvent des Dresdner Polytechnikums, veröffentlichten einen ersten Bericht im „Civilingenieur" über „Die Anlage von Schmalspurbahnen in Sachsen und die Wilkau-Kirchberger Eisenbahn", der sogar in einer englischen Fachzeitschrift erschien.[24]

Auch der Übergang von Schmalspur auf Normalspur und umgekehrt war gelöst. Gütertransporte fanden in besonderen „Wagenkasten", Vorläufern des Containers, statt, die mit einem „Umhebegerüst" versetzt wurden (Abb. 48). Köpcke hat es 1869 beschrieben. Zusätzlich konnten „Rollböcke" oder „-schemel" Normalbahnwagen auf Schmalspurgleisen transportieren (Abb. 49). Das Drei- und Vierschienengleis oder „die gemischte Spur", in England als Kompromiss im erbitterten Kampf um Breit- oder Normalspur entstanden, ermöglichte die Benutzung unterschiedlicher Spurweiten.[25] Köpcke hatte das System 1882 bei der Great Western Railway studiert und für Sachsen empfohlen.[26]

Der Erfolg ließ auf den weiteren Streckenausbau hoffen. Im Januar 1882 konnte Köpcke seiner Frau nach Hannover berichten: „Das Dinner beim Minister ist glücklich zu Ende; es waren auch viele Deputirte da, die nun nach Genehmigung der Sekundärbahnen in

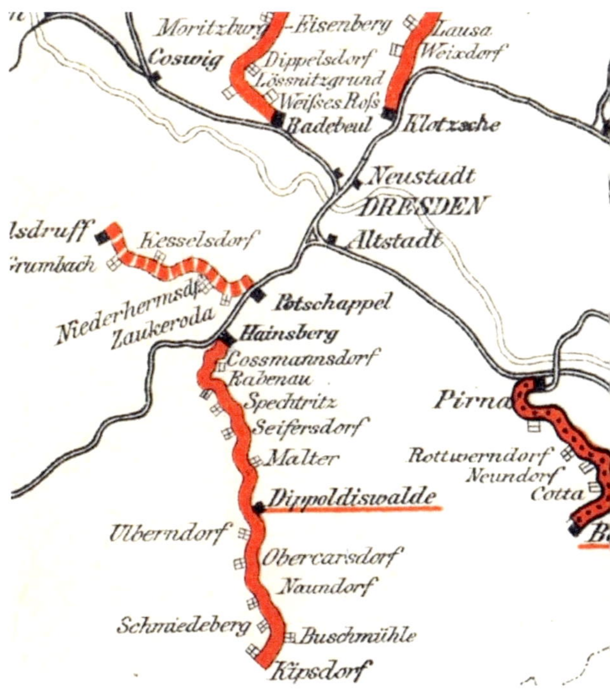

50 Kartenausschnitt aus Abb. 47

der II. Kammer ganz fidel waren. Die Bauerei kann nun lustig losgehen, und unsere Techniker erhalten wieder Beschäftigung. [...] Ich denke, dass die drei kleinen Bahnen, welche nun nach Moritzburg, Königsbrück und Dippoldiswalde gebaut werden, viele Einwohner vorzugsweise veranlassen werden, hinauszuziehen, wodurch der Personenverkehr sich steigern muß, wie dies in großem Maßstabe jedenfalls in Berlin eintreten wird, sobald die Stadtbahn daselbst eröffnet sein wird, was in einiger Zeit bevorsteht. Wir werden freilich wegen der Kinder in der Stadt bleiben."[27] Die Familie blieb in der Stadt, nutzte aber häufig die Weißeritztalbahn, die am 3. September 1883 eröffnete Schmalspurbahn von Hainsberg über Dippoldiswalde und Schmiedeberg zum Kurort Kipsdorf im Erzgebirge (Abb. 50 bis 52).[28]

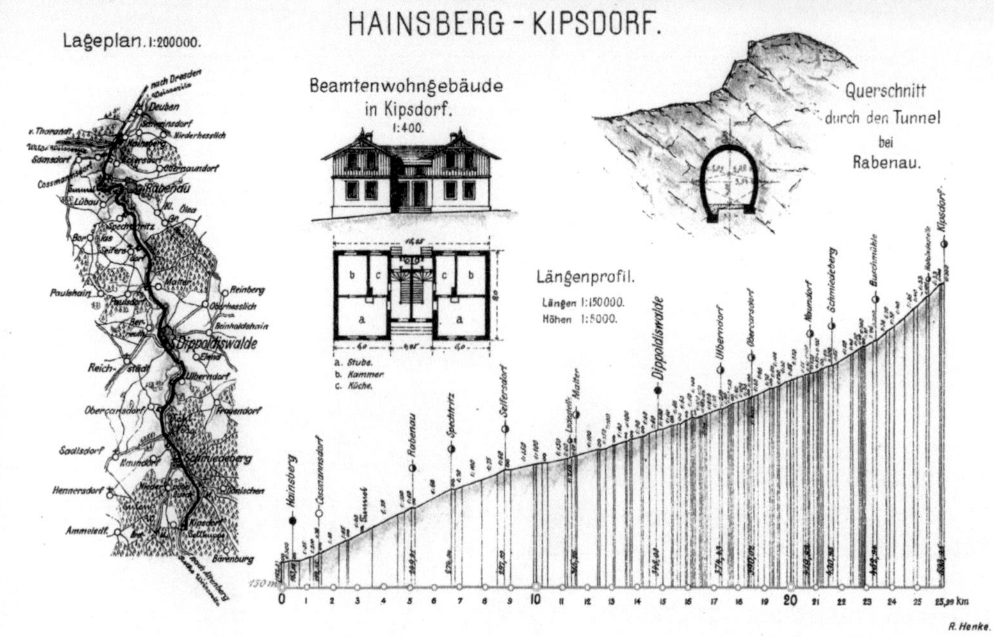

51   Weißeritztalbahn, Hainsberg–Kipsdorf, 1895

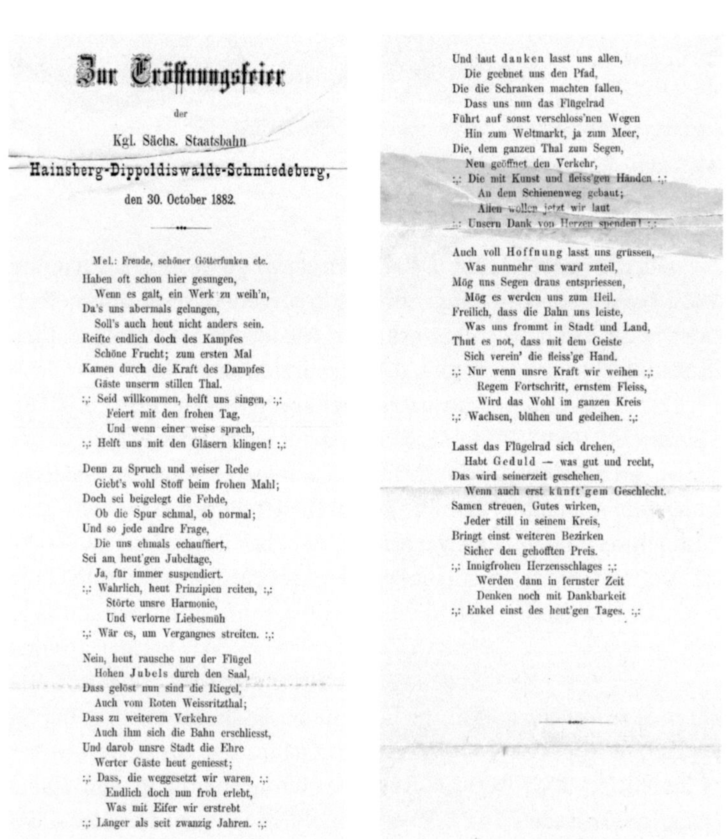

Zur Eröffnungsfeier

der

Kgl. Sächs. Staatsbahn

Hainsberg-Dippoldiswalde-Schmiedeberg,

den 30. October 1882.

Mel.: Freude, schöner Götterfunken etc.

Haben oft schon hier gesungen,
　Wenn es galt, ein Werk zu weih'n,
Da's uns abermals gelungen,
　Soll's auch heut nicht anders sein.
Reifte endlich doch des Kampfes
　Schöne Frucht; zum ersten Mal
Kamen durch die Kraft des Dampfes
　Gäste unserm stillen Thal.
:,: Seid willkommen, helft uns singen, :,:
　　Feiert mit den frohen Tag,
　　Und wenn einer weise sprach,
:,: Helft uns mit den Gläsern klingen! :,:

Denn zu Spruch und weiser Rede
　Giebt's wohl Stoff beim frohen Mahl;
Doch sei beigelegt die Fehde,
　Ob die Spur schmal, ob normal;
Und so jede andre Frage,
　Die uns ehmals echauffiert,
Sei am heut'gen Jubeltage,
　Ja, für immer suspendiert.
:,: Wahrlich, heut Prinzipien reiten, :,:
　　Störte unsre Harmonie,
　　Und verlorne Liebesmüh
:,: Wär es, um Vergangnes streiten. :,:

Nein, heut rausche nur der Flügel
　Hohen Jubels durch den Saal,
Dass gelöst nun sind die Riegel,
　Auch vom Roten Weissritzthal;
Dass zu weiterem Verkehre
　Auch ihm sich die Bahn erschliesst,
Und darob unsre Stadt die Ehre
　Werter Gäste heut geniesst;
:,: Dass, die weggesetzt wir waren, :,:
　　Endlich doch nun froh erlebt,
　　Was mit Eifer wir erstrebt
:,: Länger als seit zwanzig Jahren. :,:

Und laut danken lasst uns allen,
　Die geebnet uns den Pfad,
Die die Schranken machten fallen,
　Dass uns nun das Flügelrad
Führt auf sonst verschloss'nen Wegen
　Hin zum Weltmarkt, ja zum Meer,
Die, dem ganzen Thal zum Segen,
　Neu geöffnet den Verkehr,
:,: Die mit Kunst und fleiss'gen Händen :,:
　　An dem Schienenweg gebaut;
　　Allen wollen jetzt wir laut
:,: Unsern Dank von Herzen spenden! :,:

Auch voll Hoffnung lasst uns grüssen,
　Was nunmehr uns ward zuteil,
Mög uns Segen draus entspriessen,
　Mög es werden uns zum Heil.
Freilich, dass die Bahn uns leiste,
　Was uns frommt in Stadt und Land,
Thut es not, dass mit dem Geiste
　Sich verein' die fleiss'ge Hand.
:,: Nur wenn unsre Kraft wir weihen :,:
　　Regem Fortschritt, ernstem Fleiss,
　　Wird das Wohl im ganzen Kreis
:,: Wachsen, blühen und gedeihen. :,:

Lasst das Flügelrad sich drehen,
　Habt Geduld — was gut und recht,
Das wird seinerzeit geschehen,
　Wenn auch erst künft'gem Geschlecht.
Samen streuen, Gutes wirken,
　Jeder still in seinem Kreis,
Bringt einst weiteren Bezirken
　Sicher den gehofften Preis.
:,: Innigfrohen Herzensschlages :,:
　　Werden dann in fernster Zeit
　　Denken noch mit Dankbarkeit
:,: Enkel einst des heut'gen Tages. :,:

52   Gedicht zur Eröffnungsfeier der Teilstrecke Hainsberg–Schmiedeberg, 30.10.1882

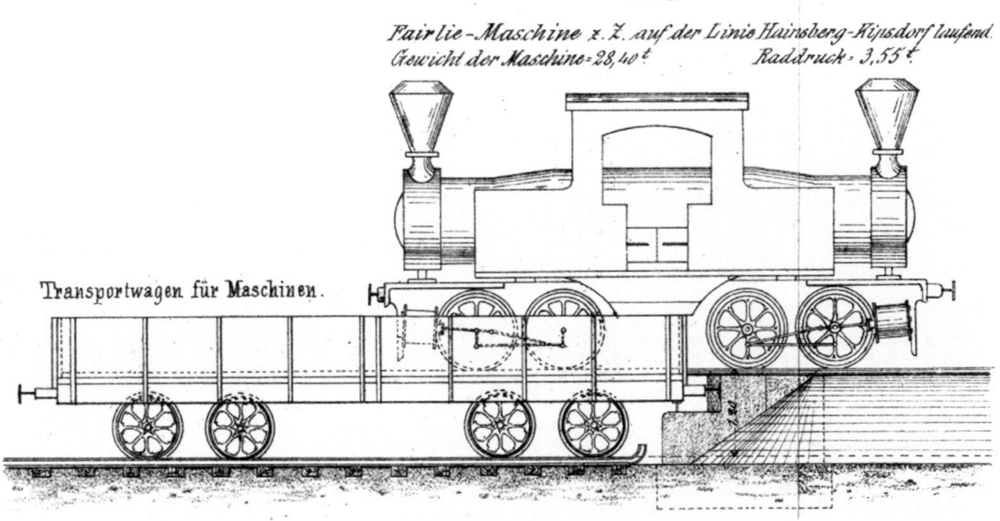

53 Transport einer Fairlie-Lokomotive für die Strecke Hainsberg–Kipsdorf, 1886

Nach gründlichen Voruntersuchungen hatte man sich auf die Strecke im Tal der Roten Weißeritz geeinigt.[29] Das Gelände war schwierig: Bei der 25,51 Kilometer langen Strecke waren 350,75 Meter Höhendifferenz zu überwinden.[30] Doch seit dem Bau der Dransfelder Rampe war Köpcke mit besonderem Gelände vertraut.

40 Brücken unterschiedlicher Bauart überquerten das eng gewundene Flusstal: Blech- und Blechbogenträger, abgestumpfte Parabelträger, Fachwerkträger und gewölbte Brücken in Stein und Beton, einige davon mit dem von Köpcke entwickelten Kämpfergelenk. Die 1882 errichtete Mühlgraben-Brücke bei Seifersdorf war aus unbewehrtem Stampfbeton der Firma Dyckerhoff & Widmann errichtet, die eine Modellbrücke erst zwei Jahre zuvor auf der Düsseldorfer Gewerbeausstellung vorgestellt hatte. Außerdem war ein Tunnelbau bei Rabenau erforderlich.

Neben dem Gütertransport von Holz- und Eisenprodukten, Ziegeln und Getreide diente die Bahn zunehmend dem Personenverkehr. Sie war bei Sonntagsausflüglern ins Erzgebirge äußerst beliebt und wies nach einer Statistik aus dem Jahr 1884 den dichtesten Personenverkehr auf den Schmalspurlinien auf.[31] Da jedoch die Zugkraft der üblicherweise für schmalspurige Linien vorgesehenen Tenderlokomotiven mit 3 gekuppelten Achsen (Typ I K) auf der gebirgigen Strecke nicht ausreichte, wurden 1885 zwei englische Fairlie-Lokomotiven mit Doppelkessel, 4 Zylindern, 4 Achsen und mittig gelegenem Führerhaus angeschafft (Abb. 53).[32] Das ergab allerdings neue Probleme: Das größere Gewicht der Maschinen machte im Oberbau zusätzliche Schwellen und Unterlegplatten nötig.

Güterwagen wurden bei Bedarf zu Personenwagen umfunktioniert, so Pfingsten 1886. Von einer Inspektionsreise nach Dresden

54   „Auf der Secundärbahn", Karikatur, 1893

zurückgekehrt, schreibt Köpcke an seine Frau: „Das Fest lässt sich so schön an, daß gewiß Tausende sich aufmachen werden um das Frühlingsfest zu feiern; schon heute sieht man überall geputzte Touristen. [...] Auf den Bahnhöfen standen schon die mit neuen Zetteln III Classe beklebten Güterwagen in denen in den Festtagen die Leute massenhaft sitzen und durch die bekannten thierischen Laute sich bemerkbar und lustig machen."[33]

Die „Fliegenden Blätter", vielgelesenes humoristisches Unterhaltungsblatt, nahm sich in den 1880er Jahren gern die Sekundärbahn vor. Der Spott der Karikaturen „Von/Auf der Sekundärbahn" traf vor allem die Langsamkeit, mit der sie durch das Land fuhr (Abb. 54).[34]

„Wenn ich mehrere Tage nicht geschrieben habe, so war dann eine Häufung von Arbeiten schuld, die ich noch fertig stellen musste. Du kannst annehmen, daß ich nicht wie Paula einen, sondern drei Aufsätze gemacht habe. [...]", rechtfertigt sich Köpcke bei seiner Frau, nachdem im Februar 1882 weitere Sekundärbahnen genehmigt worden waren.

Die Arbeiten am Sekundärbahnnetz sind 1886 in vollem Gang, als er Friederike berichtet: „Eigentlich hatte ich heute verreisen wollen nach Wilischthal, allein in folge starker Regengüsse war, wie ich rechtzeitig erfuhr, die Zschopau daselbst derart angeschwollen, daß von einem Pfeilerbau in derselben, den ich zu besehen plante, nichts zu sehen

55   Wurgwitzer Viadukt, um 1890

war. Der Regen ist dort in immensen Mengen gefallen und hat sogar für kurze Zeit die Bahn nach Annaberg durch Auswaschen unfahrbar gemacht; so werde ich denn in der nächsten Woche reisen, in welcher ich auch noch kleine Touren nach Königsbrück und Bodenbach zu unternehmen haben werde."[35] Er verschiebt die Reise um eine Woche und findet danach noch Zeit, mit Sohn Otto auf dem Carolateich zu rudern und im Restaurant des Zoologischen Gartens zu frühstücken

Inspektionsreisen beanspruchen einen großen Teil seiner Arbeitszeit, da die technische Aufsicht über den Bau von Staatsbahnlinien zu seinem Aufgabengebiet gehört. Einige

sind in Köpckes Familienalbum dokumentiert. Ein bisher unveröffentlichtes Foto zeigt einen Zug mit einer Lokomotive vom Typ I K auf der noch intakten Brücke bei Niederhermsdorf, heute bekannt als Wurgwitzer Viadukt, der Schmalspurstrecke Potschappel–Wilsdruff, eröffnet am 1. Oktober 1886 (Abb. 55 u. 56). 1935 brach die Eisenkonstruktion unter der Last eines Güterzugs mit zwei Zugmaschinen ein.[36] Ein Streckenabschnitt ist mit einem Dreischienengleis für zusätzliche Normalspurnutzung versehen. Von der Zschopau ist in Köpckes Brief die Rede. Die normalspurige Zschopautalbahn von Flöha nach Buchholz hat in Wilischthal Anschluss an die ebenfalls 1886 vollendete Schmalspurbahn von Thum (Abb. 57 u. 58). In Buchholz

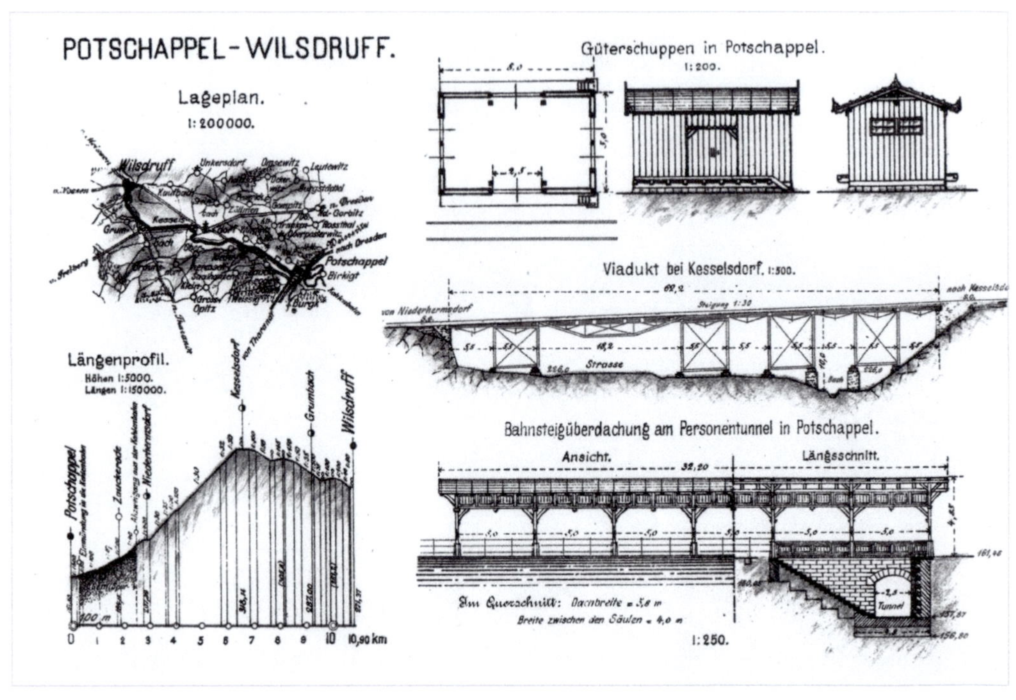

56 Strecke Potschappel–Wilsdruff mit Wurgwitzer Viadukt, 1895

57 Zschopautalbahn, Strecke Flöha–Annaberg-Buchholz, um 1895

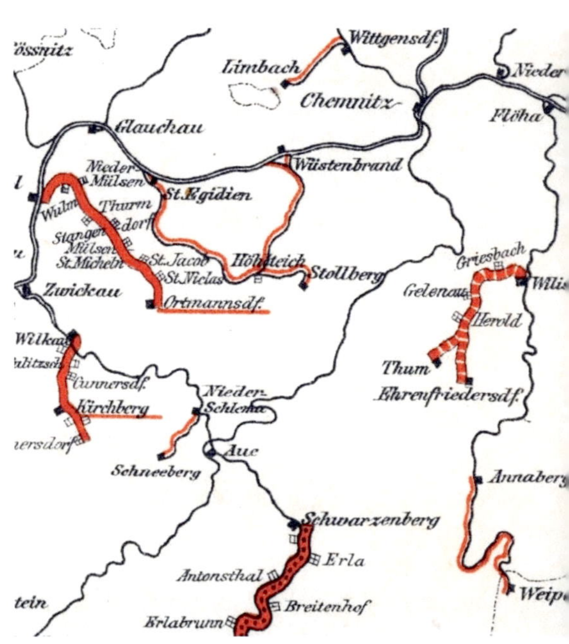

58 Kartenauschnitt aus Abb. 47

59 Köpcke unterwegs 1

60 Bahnhof Schlettau, Strecke Annaberg-Buchholz -
Schwarzenberg

61 Verladestation

62 Köpcke unterwegs 2

(heute Annaberg-Buchholz) zweigt die normalspurige Sekundärbahn nach Schwarzenberg ab, die über den Bahnhof von Schlettau
und den Markersbacher Viadukt führt (Abb.
60, 61 u. 96). Auf das eindrucksvolle Bauwerk
wird im Folgenden eingegangen.

Köpckes Gutachtertätigkeit führt ihn 1897
ins Riesengebirge, wo er wieder mit Wilhelm
Hostmann zusammentrifft. Die Reichsgräf-
lich Schaffgott'sche Verwaltung, Eigentüme-
rin des größten Teils des Riesen- und Isergebirges auf der deutschen Seite, hatte Host-

DEM

KÖNIGLICH SÄCHSISCHEN GEHEIMEN FINANZRATH

HERRN INGENIEUR

C. KÖPCKE

IN DANKBARER VEREHRUNG

GEWIDMET

VOM

VERFASSER.

63 Widmung der Schrift „Bau und Betrieb der Schmalspurbahnen", Hostmann 1881

mann mit einem Gutachten zur wirtschaftlichen Erschließung beauftragt.[37] Sie hält „die Mitwirkung einer allgemein anerkannten, auf verschiedenen technischen Gebieten erfahrenen, Fachautorität für wünschenswerth und wurde hierfür der Königlich Sächsische Geheime Rath, Claus Köpcke in Dresden gewonnen."[38] Beide Männer verbindet wohl Fachwissen und praktische Erfahrung. Mit Köpcke hat der unermüdliche Hostmann zugleich einen angesehenen Fürsprecher in wichtiger Position für seine Sekundärbahnprojekte.

1881 veröffentlichte Hostmann seine Broschüre „Bau und Betrieb der Schmalspurbahnen und deren volkswirtschaftliche Bedeutung für das deutsche Reich", die er Köpcke „in dankbarer Verehrung" widmet

(Abb. 63). Seit 1882 war er Mitherausgeber der „Mittheilungen über Localbahnen insbesondere Schmalspurbahnen".[39] Darin kündigt er 1896 mit einer Würdigung der Verdienste Köpckes um die sächsische Schmalspurbahn die zweite Auflage des Standardwerks von Ledig und Ulbricht „Die schmalspurigen Staatseisenbahnen im Königreiche Sachsen" an. Hostmann plante und baute mit seiner um 1886 in Eisenach gegründeten „Lokalbahn-Bau und Betriebsgesellschaft Hostmann & Co." noch mehrere schmalspurige Sekundärbahnen mit Meterspur.[40]

Nach Hochwasserkatastrophen am 19. und 31. Juli 1897 reist Köpcke im September nach Agnetendorf (Jagniątków), wo er mit Hostmann die geplanten Bahnstrecken begeht. In seiner von ihm mitherausgegebenen Zeitschrift schreibt Hostmann mehrfach darüber.[41] Das Gesamtprojekt umfasst Kleinbahnen, Licht und Kraft, Wasserversorgung und eine Hotelanlage. Der Ausbau der Strecken soll nicht nur dem Tourismus, sondern hauptsächlich der Forstwirtschaft dienen. Außer dem für die Hotelbauten verantwortlichen Sanitätsrat Callenberg trifft Köpcke den ihm wohl aus Hannover bekannten Wasserbauingenieur Otto Taaks.

In Agnetendorf wohnt Köpcke in „Beyer's Hotel" (Abb. 64). Es besitzt bereits ein Telefon, die Familie in Dresden hat jedoch keins, auch später nicht, obwohl seit Beginn der 1880er

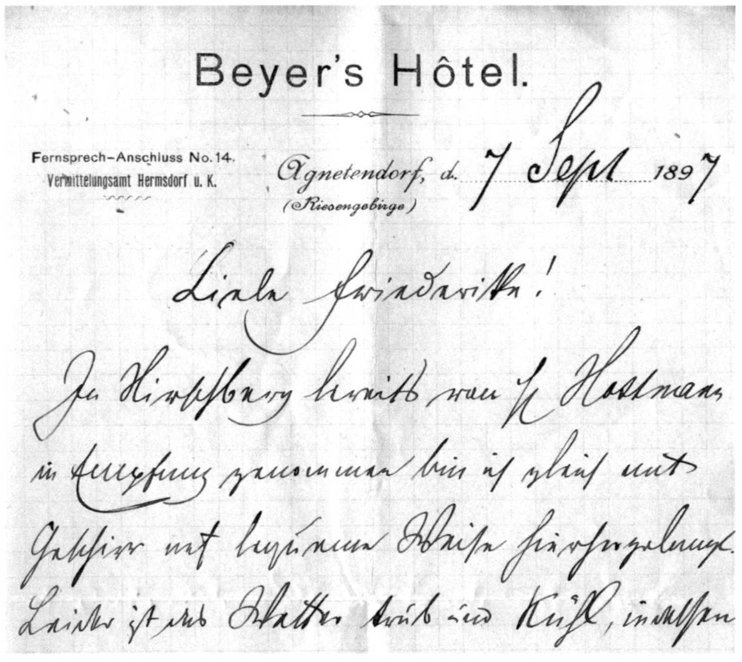

64   Köpckes Brief an Friederike, 7.9.1897

Jahre Fernsprechnetze eingerichtet werden. Seine Dienststelle im neuen Finanzministerium ist mit 55 Anschlüssen ausgestattet.[42] Ab dem 7. September kurz nach seiner Ankunft, berichtet er Friederike schriftlich über die Hochwasserschäden: „In Hirschberg bereits von H. Hostmann in Empfang genommen bin ich gleich mit Geschirr auf bequeme Weise hierhergelangt. […] Heute wollen wir erst nach Warmbrunn fahren und von da aus eine Bahnlinie, die Herr H. projectirt hat entlang gehen. Das Wasser rauscht noch in allen Bächen und die Uferreinbrüche sind zahlreich oder eigentlich zahllos; von den vorhandenen Straßenbrücken sind hier oben die meisten beschädigt und nothdürftig geflickt. Das Wasser ist im Schneegruben-Bache etwas gelblich, weil es durch moorige Wasser fließt. An den Häusern sind bei den tiefen Lagen vielfach die Wassergrenzlinien meist in der Höhe der Fensterbänke deutlich zu sehen. Die Leute wohnen schon wieder darin, was gewiß nicht gesund ist."

Am Abend schreibt er noch einen Brief: „Die Bahnangelegenheit ist offenbar noch im weiten Felde, weil die schlesischen Oberbehörden der Sache einstweilen nicht günstig gesinnt sind; H. Callenberg scheint indessen guten Muths zu sein. Zur Zeit machen ihm die Hochwasserschäden viele Sorgen; dann hat er in Flinsberg einen sehr kostspieligen Badehausbau, auf den Schneegruben einen Hotelbau, der mehrere Hunderttausend kostet im Bau oder fertig ohne dass er ganz damit zufrieden sein kann; er scheint aber viel Muth zu haben und so kann vielleicht auch aus dem Badebau noch etwas werden."

Und am nächsten Tag fährt er fort: „Ich überzeuge mich hier, ähnlich wie in Sachsen, dass die Fluthen fast nur künstliche Hindernisse beschädigt haben. Die wilden Bachläufe, welche von dem Riesengebirge herab durch die Wälder fließen haben nirgends ihre Ufer stark angegriffen, während weiter abwärts Straßen und Häuser, Futtermauern und Brücken vielfach zerstört sind. Unter diesen Umständen erscheint es mir nicht besonders gefährlich, die Bachläufe zu überschreiten wenn nur genügend weite Brücken gebaut werden und die hat Hostmann einstweilen schon projectirt während die bestehenden Brücken meist viel zu eng sind." Zwei Tage später berichtet er: „Die Fahrt am gestrigen Tage sollte eigentlich in Hermsdorf mit der Gasbahn beginnen. Der Gasbahnwagen kam

66   Durch Hochwasser zerstörte Brücke

67   Wiederaufbau einer zerstörten Brücke

aber nicht zur richtigen Zeit in Hermsdorf an; so empfahl mir Hostmann die Spottkarte, die ich von Krummhübel an Euch abgesandt habe. [...] Die Riesengebirgs-Localbahn hört noch jetzt bei Birkicht auf oberhalb welches Orts Damm und Gleis völlig weggerissen sind, sodaß die Bahn erheblich weiter uferwärts verlegt werden muß. [...] Auf ganze Kilometer bietet das Bachbett ein Bild wie die Weißeritz beim Schusterhause nur daß die Steine die darin liegen weit größer meist zentnerschwer sind." (Abb. 65 bis 67)[43] Bei dem familiären Hintergrund seiner Frau konnte er technisches Verständnis voraussetzen.

Die von Hostmann für die „Deutsche Gasbahn G.m.b.H." in Dessau geplante normalspurige Bahn Hirschberg-Warmbrunn-Hermsdorf, die erste größere Gasbahn mit ca. 15 Kilometern Länge, hatte im April/Mai 1897 den Betrieb aufgenommen (Abb. 68).[44] Die Technik erwies sich jedoch als unwirtschaftlich und ungeeignet. Die steigungsreiche Strecke war kaum zu schaffen, häufig

wohl nur durch kräftiges Anschieben seitens der Passagiere, das Rütteln und Schütteln der Wagen äußerst unbequem, und häufig kam der Fußgänger ebenso schnell ans Ziel wie die Gasbahn. So wurde sie schon ab 1899 auf elektrischen Antrieb umgestellt, die Spurweite wegen der vielen Kurven auf 1 m verringert. Die von Hostmann geplanten Tal- und Gebirgslinien sollten allesamt die Meterspur erhalten und mit Strom betrieben werden „und somit jeder Dampf und Rauch, sowie jedes störende Gepuste der Lokomotive wegfällt!"[45] Doch 1899 wurde, obwohl die Vorarbeiten fast abgeschlossen waren, das Unternehmen wegen Geldmangel vorerst eingestellt. Rückschläge mussten immer wieder hingenommen werden. Der Einsatz neuer Technologien hatte nicht immer den gewünschten Erfolg.

Der Streit um die Spurweite der Sekundärbahnen – Normal- oder Schmalspur – dauert an. Albert Niethammer, Fabrikbesitzer in Kriebstein und Mitglied der II. Ständekam-

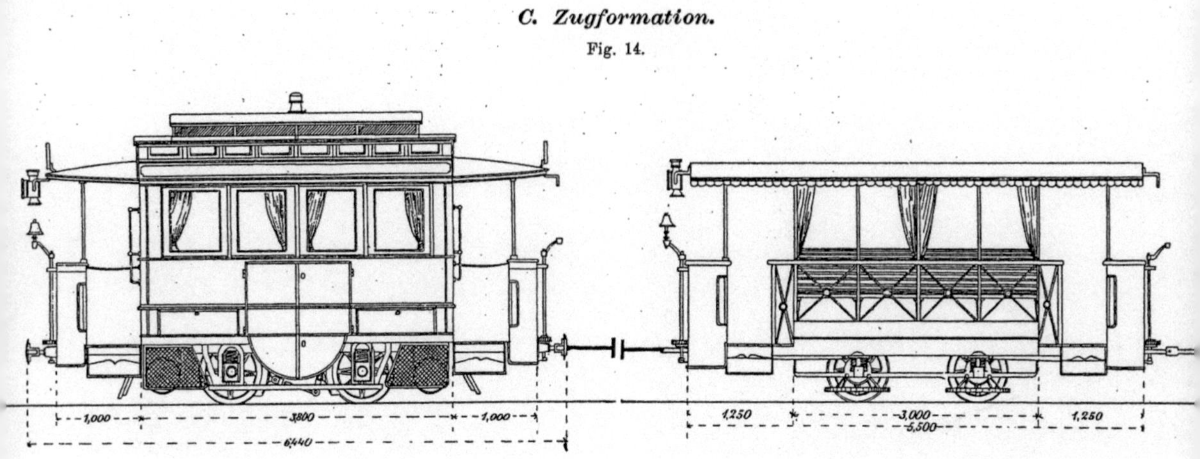

C. *Zugformation.*

Fig. 14.

68 Gasbahn, 1896

mer, veröffentlicht 1898 ein 15-seitiges Pamphlet, in dem er sich vehement gegen die schmale Spur ausspricht: „Schon im letzten Landtage 1897/98 hielt ich mich verpflichtet, auf die Gefahren aufmerksam zu machen, welche nicht nur unserm Eisenbahnbetrieb, sondern vor allem unserm sächsischen Volke in seinem wirthschaftlichen Erwerbsleben von Schmalspurbahnen drohen, und der Meinung Ausdruck zu geben, dass die Ersparnisse, welche wir durch den Bau von Schmalspurbahnen erzielen, in keinem Verhältniß stehen zu den Nachtheilen, die die Schmalspurbahnen nothwendig im Gefolge haben müssen."[46]

Vor allem beklagt er das Umladen der Waren, was nur mit großem Zeitverlust und Beschädigung der Güter geschehen könne; der Transport auf der Schmalspur mit Hilfe von Rollböcken sei derzeit die Ausnahme. Anlass der Schrift war wohl der Umbau 1897 der Strecke Klotzsche-Königsbrück auf Normalspur infolge des stark angewachsenen Güterverkehrs.[47] Doch die Statistiken sprachen für den Erfolg der Schmalspurbahnen, und der Ausbau des Netzes ging weiter.

Neue Bahnhöfe für Dresden

Am 19. Januar 1882 schreibt Köpcke an Friederike nicht nur über die Genehmigung neuer Sekundärbahnen sondern auch über Hannovers Bahnhof: „Der neue Bahnhof ist, auch abgesehen von seinen gegen unsern Dresdner Bahnhofe riesigen Dimensionen, wirklich bedeutend und werden wir hier wohl mit der Zeit auch nachfolgen müssen, wenn mal wieder ein Ruck in die Verkehrsverhältnisse kommt wie vor 10 Jahren." (Abb. 69) Der Ruck kam 1888 mit der Verstaatlichung der Privatbahn Dresden–Berlin; die Umgestaltung der Dresdner Bahnhofsanlagen konnte beginnen.

Vom „Zeitalter der Bahnhofsumbauten" spricht Köpcke in seinem Vortrag über „Die Bahnhofsanlagen in Dresden" bei der Hauptversammlung des Vereins Deutscher Ingenieure am 6. Juni 1898 in Chemnitz.[48] Er nennt die Bahnhöfe von Hannover und Bremen als die ersten großen Bauten dieser Art sowie die 1882 vollendeten Berliner Stadtbahnhöfe Friedrichstraße und Alexanderplatz, allesamt Durchgangsbahnhöfe (Abb. 70).[49]

Bedeutend war die Hannoveraner Anlage vor allem deshalb, weil sie den Typ des modernen Durchgangsbahnhofs auf zwei Ebenen verkörperte. Stadterweiterungen und wachsender Verkehr forderten die Trennung von Schiene und Straße durch hochgelegte Gleise (Abb. 71). Tunnel erlaubten schienenfreien Personen- und Gepäckverkehr. Hannovers Bahnhof wurde richtungsweisend über die Grenzen Europas hinaus.

Der neue Bahnhof von Hildesheim und der 1888 vollendete Kopfbahnhof von Frankfurt am Main waren Köpcke aus eigener Anschauung bekannt (Abb. 72). Der Bahnhof in Halle/Saale war im Bau, der Wettbewerb für den Kölner Hauptbahnhof 1888 entschieden. Die Dresdner Planer werden beide aufmerksam verfolgt haben, handelte es sich doch, wie später in Dresden, um kombinierte Anlagen von Kopf- und Durchgangsbahnhof.

Diskussionen und Planungen zum Standort eines Dresdner Hauptbahnhofs gab es schon vor der Mitte des 19. Jahrhunderts.[50] Der Vermessungsingenieur Karl Friedrich Preßler schlug 1848 ungefähr den Platz der heutigen Haltestelle Dresden-Mitte vor, der auch dem Güterverkehr dienen sollte. Davon wurde jedoch „zugunsten des Stadtverkehrs und wegen Mangels an genügendem Raum" abgesehen.[51] Die Betriebskosten von vier „Hauptbahnhöfen" – Leipziger, Schlesischer, Böhmischer und Berliner Bahnhof –, die Entfernung zwischen ihnen, der angestiegene Verkehr, einschließlich der Schifffahrt, und die niveaugleichen Kreuzungen machen für Köpcke gewaltige Baumaßnahmen nötig. Die Klärung der Bahnhofsfrage war für die Entwicklung Dresdens zur Großstadt von entscheidender Bedeutung.

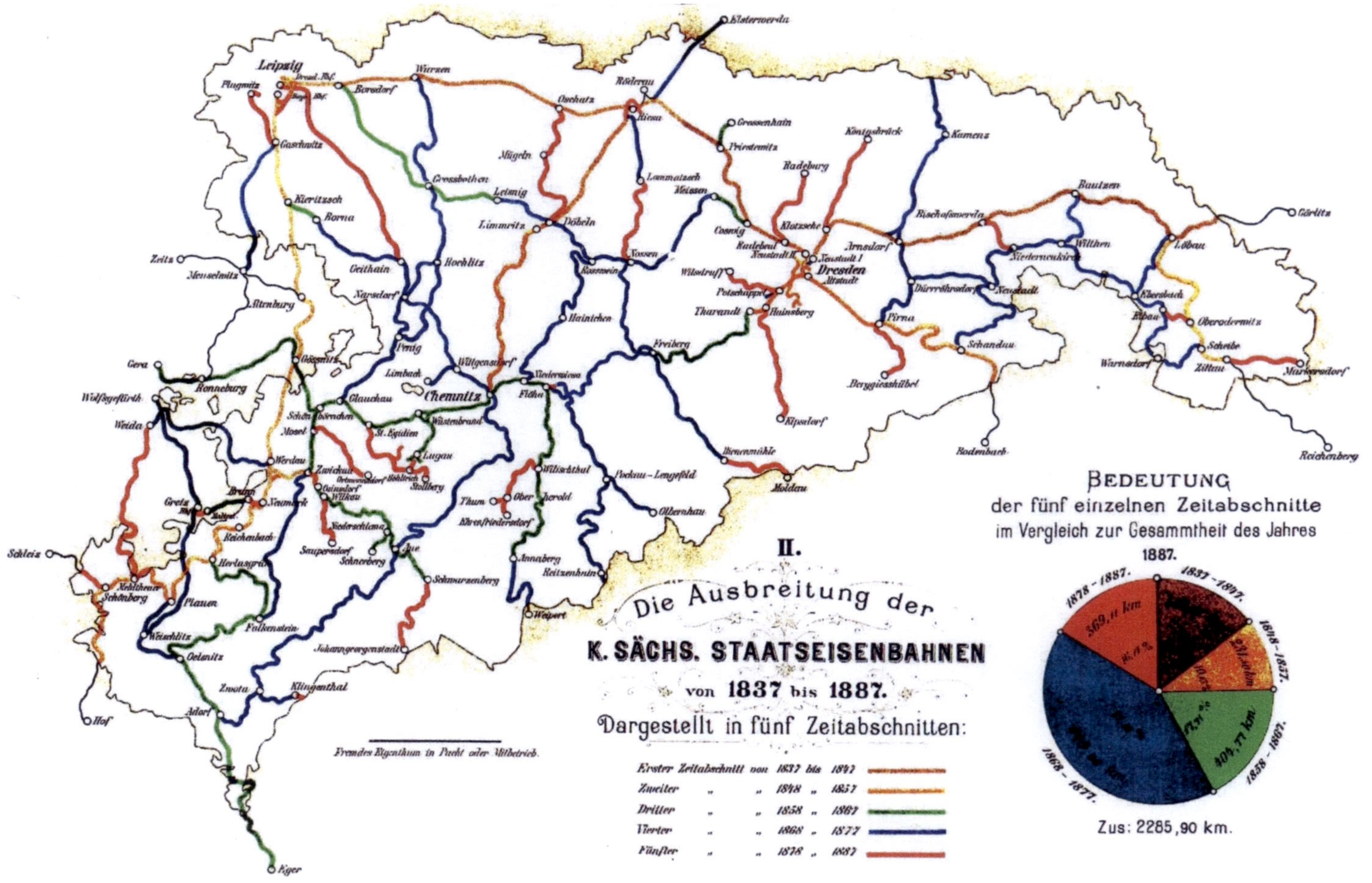

69   Königlich Sächsische Staatseisenbahnen bis 1887

70 Hauptbahnhof Hannover, 1886

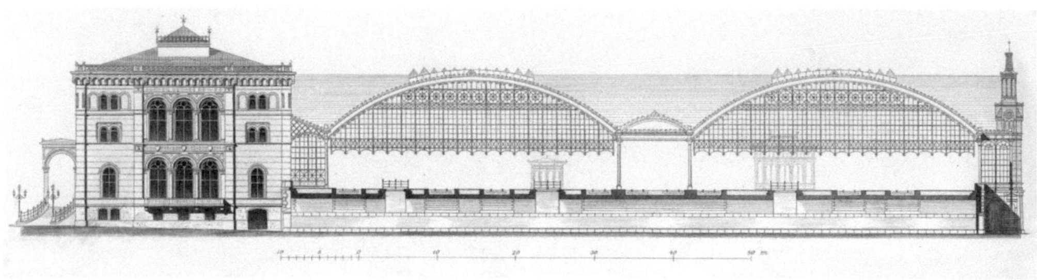

71 Hauptbahnhof Hannover, Querschnitt, 1886

Es ging um die Neuplanung eines Personenhauptbahnhofs in Dresden-Altstadt an der Stelle des Böhmischen Bahnhofs und des Bahnhofs in Dresden-Neustadt an der Stelle des Schlesischen Bahnhofs (Abb. 73). Der benachbarte Leipziger Bahnhof sollte zum Güterbahnhof Dresden-Neustadt umgebaut werden, in der Friedrichstadt am Berliner Bahnhof der Hauptrangier- und Güterbahnhof mit Werkstätten und Hafenanlage entstehen und zwischen Alt- und Neustadt die Haltestelle Wettiner Straße, heute Dresden-Mitte. Der ehemalige Albertbahnhof, der seit 1869 nur noch als Kohleumschlagplatz diente, sollte zum Güter- und Abstellbahnhof Dresden-Altstadt werden. Kreuzungen städtischer Straßen und Bahngleise auf gleichem Niveau waren zu beseitigen, „wie dies schon auf der Verbindungsbahn Dresden-Altstadt-Neustadt [über die Marienbrücke von 1852] für das lin-

72   Bahnhof Hildesheim mit Friederike und Tochter Irene, um 1895

ke Ufer durchgeführt war."[52] Die geplanten Baumaßnahmen umfassten das Aufschütten eines Damms, Straßenüber- und -unterführungen, die Falken-, Chemnitzer- und Hohe Brücke über die westliche Gleisanlage des Hauptbahnhofs, eine neue Eisenbahnbrücke über die Elbe neben der Marienbrücke, eine Eisenbahn- und Straßenbrücke im Hafen und die Erweiterung der Elbbrücke in Niederwartha um ein zweites Bahngleis für den Güterverkehr.[53]

Zuständig war ab 1888 das vom Finanzministerium eingerichtete „Bureau für die Dresdner Bahnhofsbauten", dem Otto Klette vorstand. „[...] und es sind die entstandenen generellen Entwürfe, die der Ausführung zu Grunde liegen, im Wesentlichen als ein gemeinsames Werk des technischen Referenten im Finanzministerium, Geheimen Raths Köpcke, und seiner Person [Klette], wobei der Regierungsbaumeister Oehme, Voigt, Decker und Bley als Mitarbeiter zu gedenken ist, von denen die beiden Erstgenannten auch an der Bearbeitung der speziellen Gleispläne, und zwar des Rangir-, bez. Werkstättenbahnhofes, besonders betheiligt waren. [...] In technischer Beziehung haben die Referenten, Geheimer Rath Köpcke auf die Anlagen in Dresden Altstadt, Geheimer Finanzrath Schulze auf die Anlagen in Neustadt fortdauernden Einfluß ausgeübt [...]."[54]

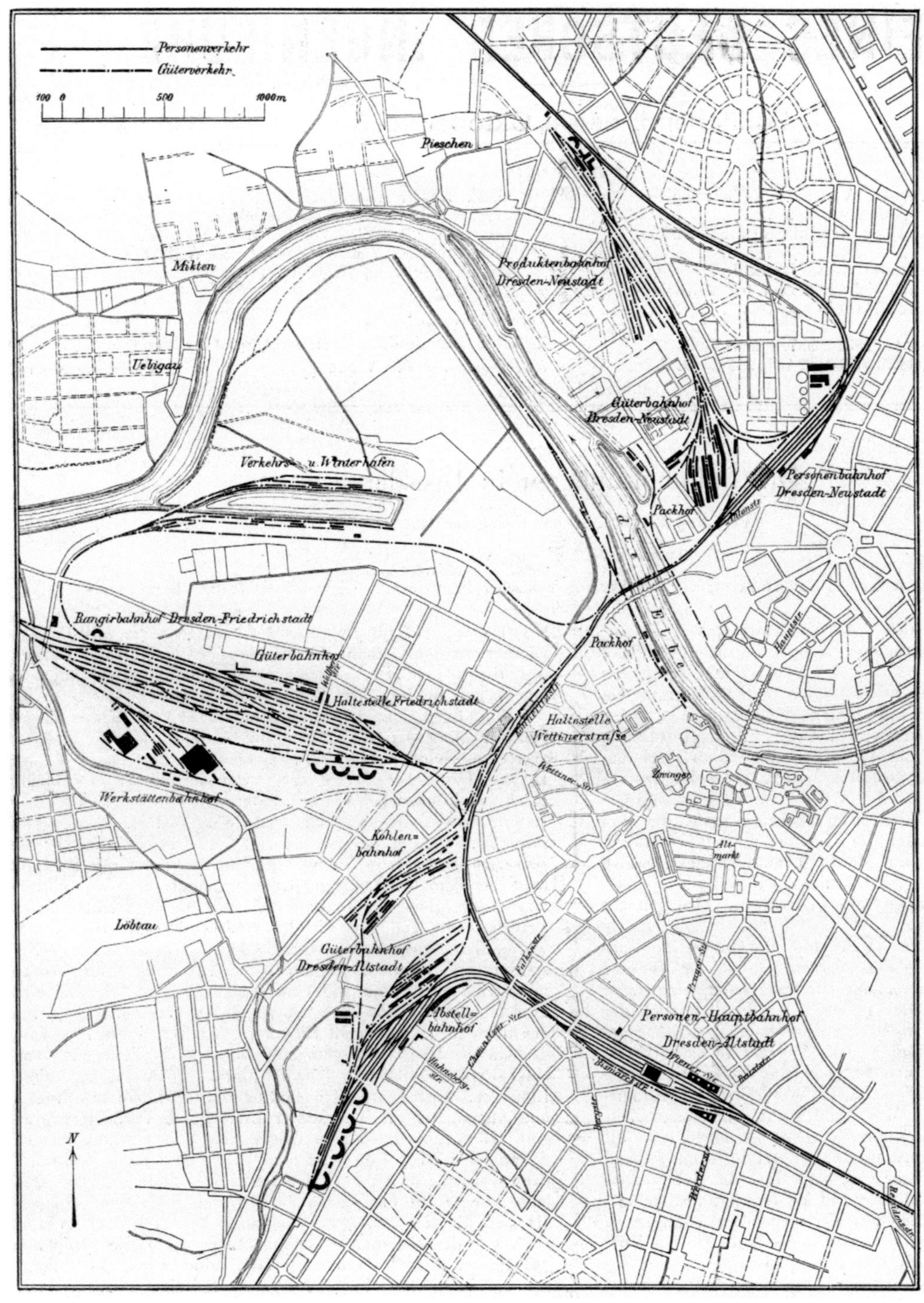

73 Bahnhofsanlagen in Dresden, 1898

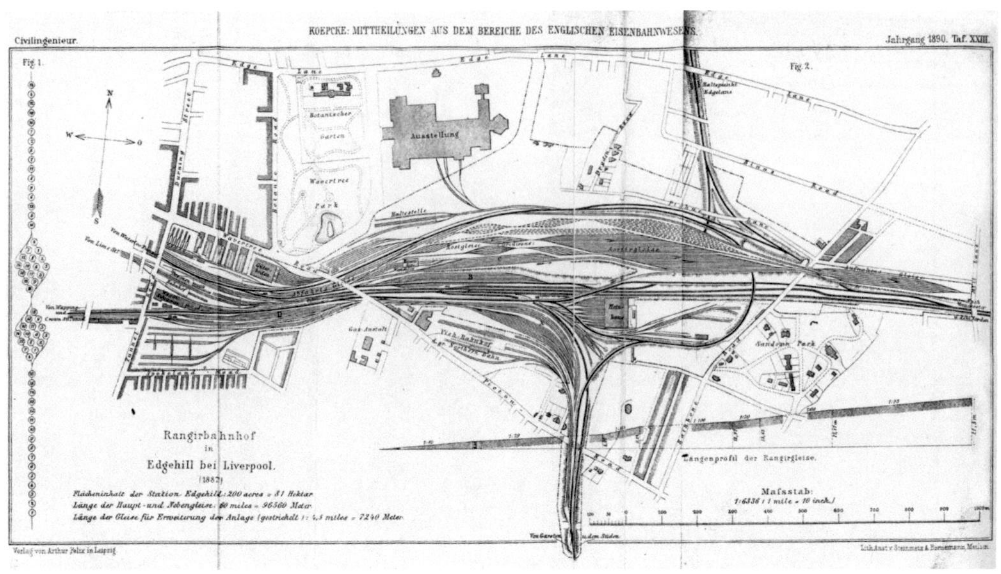

74 Güterbahnhof in Edge Hill, 1890

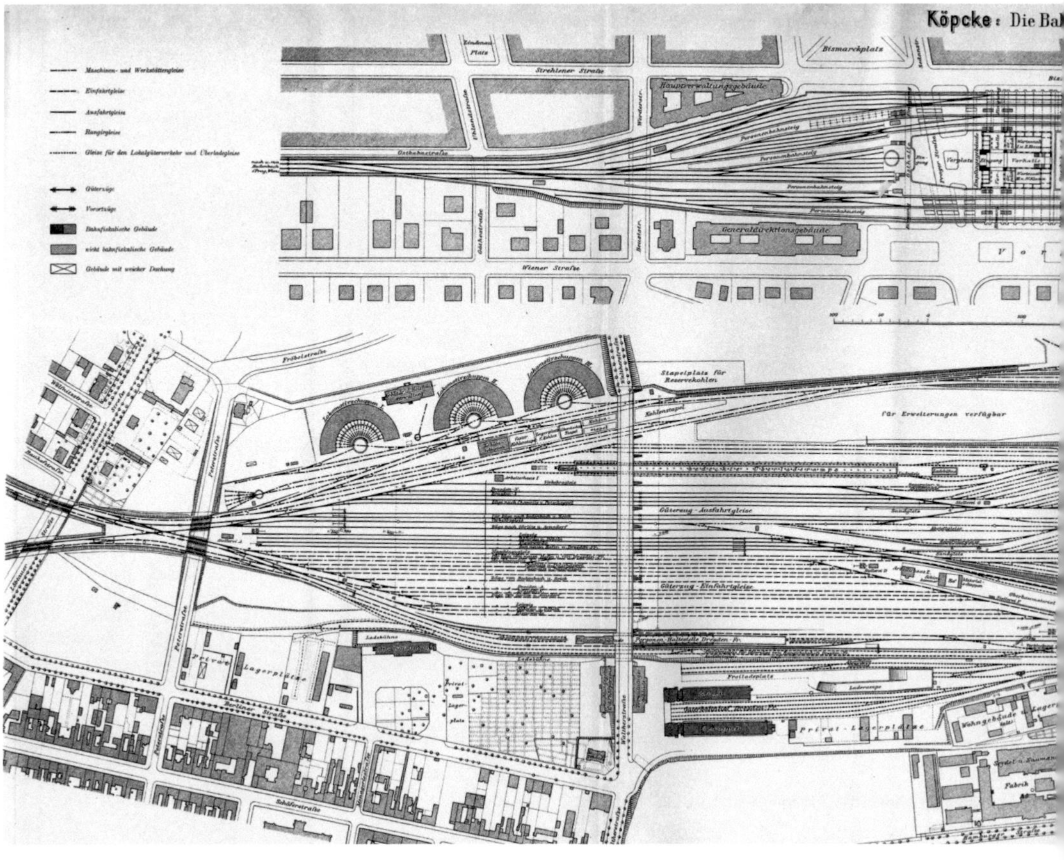

Die Planer besichtigten zahlreiche auswär-
tige Anlagen. Köpcke reiste eigens mit zwei
Fachkollegen im Oktober 1889 nach England. Vom gerade erweiterten Güterbahnhof Edge Hill bei Liverpool der „London and
North-Western Railway" berichtet er über
das Rangieren von Güterwagen allein mit
Schwerkraft, Vorbild für die Planung des
Bahnhofs Dresden-Friedrichstadt als Ablauf-
bahnhof (Gefällebahnhof) (Abb. 74).[55] Neu
dabei sei das Zerlegen und Zusammenstel-
len von Zügen ohne Lokomotiv- oder Pfer-

75 Gleispläne des Hauptbahnhofs Dresden-Altstadt und des Güterbahnhofs Dresden-Friedrichstadt, 1898

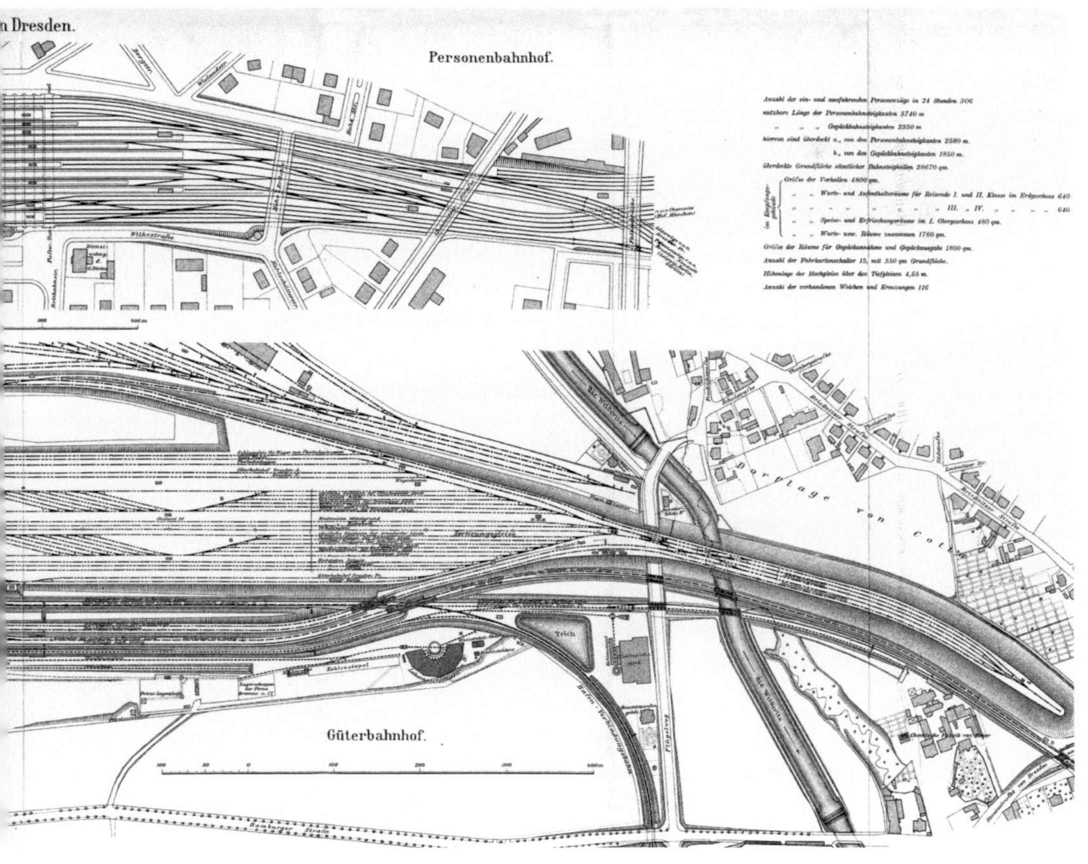

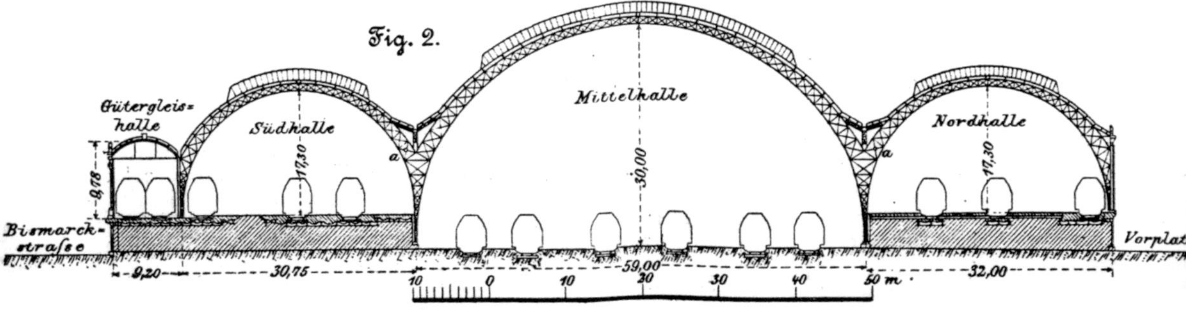

76 Hallen des Hauptbahnhofs, Querschnitt, 1898

deeinsatz. Auf dem 80 Hektar großen abfallenden Gelände konnten auf Rangiergleisen mit einer Gesamtlänge von ca. 91 Kilometern nach dem Projekt des Ingenieurs Harry Footner bis zu 6.500 Wagen aufgenommen werden. Güterwagen in Edge Hill seien mit Hebelbremsen versehen. Nur ausnahmsweise benutze man „Knittel" (Bremspfähle), wie in Dresden üblich. Das Aufhalten entlaufener Wagen geschehe mit Kettenhaken, Dienststellen seien mit Telefonleitungen ausgerüstet und Gleise durch Lampen auf hohen Türmen beleuchtet, Weichen durch kleinere Lampen, was den Rangierbetrieb auch bei Nacht ermögliche.[56] Weiterhin beschäftigten ihn ein besonders leistungsfähiges Verladesystem von Kohle und eine Hauptgleisweiche, fuhren doch die Züge zwischen London und Edinburgh atemberaubende 120 Kilometer in der Stunde. Der Personenbahnhof Newstreet Station in Birmingham wies Kopf- und Durchgangsgleise auf, für die Planung des Hauptbahnhofs Dresden von Interesse.

1891 besuchte Köpcke mit dem sächsischen Finanzminister die Elektrotechnische Ausstellung in Frankfurt am Main, die für die

Energieversorgung der zukünftigen Dresdner Bahnhöfe entscheidend war. Auch Beobachtungen, die Köpcke 1893 auf seiner Reise nach Chicago machte, dienten dazu, das zukünftige Dresdner Verkehrssystem mit den modernsten Einrichtungen auszustatten.

Der Wettbewerb für den Dresdner Hauptbahnhof wurde im Mai 1892 ausgeschrieben und im Oktober entschieden. Zwar hatte Klette schon drei Jahre zuvor ein Projekt vorgelegt, aber es genügte nicht den Anforderungen an die Zahl der Gleise.[57] Der kombinierte Kopf- und Durchgangsbahnhof, das Hochlegen der Durchgangslinien und das Tieferlegen der Kopfbahngleise waren bis ins Detail vorgeschrieben. In der Jury, der Köpcke, Klette und weitere Mitglieder des Finanzministeriums und der Staatsbahnen angehörten, befand sich nur einer der führenden deutschen Architekten, Hase aus Hannover. Je einen ersten Preis erhielten der Leipziger Arwed Rosbach und das Architekturbüro Giese & Weidner aus Dresden.[58] Mit einigen Änderungen in Raumeinteilung und Fassaden kam der Entwurf von Giese & Weidner zur Ausführung.[59]

77 Generaldirektion (l.) und Hauptverwaltung (r.), Blick von der Südhalle nach Osten, 1895

Die Bahnhofsanlage Dresden-Altstadt, an der Köpcke besonders gelegen sein musste, war ein Prestigeobjekt, Visitenkarte und Tor zu einer modernen Großstadt (Abb. 75). Die Eisenkonstruktion der vier asymmetrisch angeordneten Hallen mit einer Gesamtbreite von 130,95 Metern überdeckt Bahnsteige und Gleise auf zwei Niveaus mit Dreigelenkbogen: die 59 Meter weite Mittelhalle über den sechs Tiefgleisen mit einer Höhe von 29 Metern, links und rechts angeschlossen zwei Hallen über den Durchgangsgleisen von 30,75 bzw. 32 Metern Spannweite und eine vierte 9,20 Meter breite Halle für den Güterverkehr (Abb. 76). Sie können sich mit den von Schwedler entworfenen Hallen des Frankfurter Hauptbahnhofs messen. Große Rundbogenfenster in den Längswänden, reichliches Oberlicht und verglaste Abschlusswände geben den Dresdner Bahnsteighallen besondere Helligkeit.

Die Südhalle des Hauptbahnhofs war ab 1895 betriebsfähig, und damit konnte der Abriss des Böhmischen Bahnhofs beginnen. Für die Eisenbahndirektion und die Hauptverwaltung waren inzwischen monumentale Bauten an der Wiener- bzw. Strehlenerstraße entstanden (Abb. 77). Die Kohlschütterstraße wurde mit der „Hohen Brücke" über die Gleise geführt; sie war „eine Auslegerbrücke mit annähernder Hängeträgerform, jedoch mit geradem Obergurt des eingelegten Mittelträgers (Abb. 78)."[60] Köpckes Fotoalbum enthält Detailaufnahmen aus der Bauzeit (Abb. 79 u. 80).

In Dresden-Friedrichstadt entstand nach ausgiebigen Voruntersuchungen und Verhandlungen einer der größten Rangierbahnhöfe Deutschlands mit einer Fläche von 54,40 Hektar und 76,7 Kilometern Rangiergleisen (Abb. 75). Grundlage war Klettes Studie von 1890 „Der Güterverkehr auf den Bahnhöfen Dresdens". Die Verlegung der Weißeritz in ein neues Flussbett zwischen Löbtau und Cotta war erforderlich, um ein großes zusammenhängendes Areal zu schaffen. Mit ca. 1,5 Millionen Kubikmeter Aushub für das Becken des zukünftigen König-Albert-Hafens und einer Flutrinne im Ostragehege wurde ein 17 Meter hoher Ablaufberg für das Rangieren „mit Schwerkraft" aufgeschüttet. Zwischen Finanzministerium und Stadt ausgehandelte

78   Hohe Brücke, Blick von der Südhalle nach Westen, 1895

79   Hohe Brücke, Mittelträger, vor 1895

80   Hohe Brücke, Pylon mit Gerüst, vor 1895

81 Hauptbahnhof Dresden, Mittelhalle, 1898

Verträge regelten Gebietsabtretungen und Enteignungen, die Verlegung der Weißeritz, den Neubau von Straßen und Brücken und einer Markthalle mit Bahnanschluss.[61]

Bereits in seinem 1887 erschienenen Artikel „Ueber die Höhenlage von Strassenlaternen" hatte sich Köpcke für die Verwendung von elektrischer statt Gasbeleuchtung ausgesprochen: „Die Zeit dürfe gekommen sein, mit dem bisherigen System der Anwendung vieler kleiner Flammen zur Beleuchtung von Strassen in beschleunigter Weise aufzuräumen". „Regenerativlampen" von Siemens und vor allem elektrische Bogenlampen ließen sich in wesentlich größerer Höhe als der üblichen von 3 Metern anbringen und seien damit für Straßen, Plätze und Rangierbahnhöfe zu empfehlen. Beispiele dafür waren aus den USA und England bekannt. Da der Strompreis gegenüber Gas jedoch noch zu hoch war, konnte sich die Elektrifizierung vor allem der privaten Haushalte erst nach dem ersten Weltkrieg durchsetzen.

Feierlich eröffnet wurde der Rangierbahnhof am 1. Mai 1894, der Nordkai im Hafen folgte am 1. November 1895. Das eigens erbaute Elektrizitätswerk nördlich des Rangierbahnhofs lieferte Drehstrom für die Beleuchtung sämtlicher Bahnhofsanlagen. Für Entwurf und Ausführung der Zentrale war Richard

82 Hauptbahnhof, Blick vom Wiener Platz, 1898

Ulbricht verantwortlich, Professor für Eisenbahnsignalwesen und Telegrafie an der Technischen Hochschule Dresden und Chef der Telegrafenverwaltung im Finanzministerium.[62] 2.489 Glühlampen und 569 Bogenlampen, die Werkstätten, Hafenkräne und Aufzüge im Empfangsgebäude wurden damit betrieben. 1897 wurden täglich 4.000 bis 5.000 Wagen rangiert. Und Dresden erhielt dann ebenfalls elektrische Straßenbeleuchtung.[63]

Der große Rückschlag kam allerdings mit dem Sommerhochwasser vom 31. Juli 1897, als die Weißeritz entlang ihres neuen Laufs in der Friedrichstadt großen Schaden anrichtete und wieder in ihr altes Bett floss. Viele

Gebäude, darunter das Rathaus von Löbtau und das von Köpcke in seinem Brief an Friederike von 1897 erwähnte „Schusterhaus", ein Ballhaus in Cotta, wurden völlig zerstört.

Die Haltestelle „Wettiner Straße", dem Bahnhof Berlin-Friedrichstraße ähnlich, wurde am 1. Oktober 1897 vollendet, und am 17. April 1898 nach fünf Jahren Bauzeit fand die offizielle Eröffnung des Hauptbahnhofs statt (Abb. 81 u. 82).[64] Die Anlage in Dresden-Neustadt wurde am 1. März 1901 zusammen mit der neuen Eisenbahnbrücke in Betrieb genommen, zwei Wochen früher als geplant.[65] Die vom Staat getragenen Kosten des gewaltigen Unternehmens beliefen sich allerdings auf fast das Doppelte der ursprünglich veranschlagten 55 Millionen Mark, die der Stadt waren von 6 Millionen auf 11 Millionen angestiegen.

Als im Nachruf Klettes, er starb 1897, dieser als alleiniger Verfasser der neuen Bahnhofsanlagen angegeben wurde, stellte Köpcke, nach sehr anerkennenden Worten, richtig: „Der Nekrolog des Finanzraths, Ingenieurs Otto Klette [...], lässt die Annahme aufkommen, als ob die den Bahnhofsbauten zugrunde liegenden Ideen von ihm allein herrührten. Es scheinen ihm darin auch der Entwurf der Riesaer Elbbrücke und die Entwürfe der ersten sächsischen Schmalspurbahnen zugesprochen werden zu sollen. Diese Behauptungen gehen zu weit [...]. Auf die Autorschaft der ersten Schmalspurbahnen in Sachsen und der Riesaer Elbbrücke glaube ich nicht weiter eingehen zu brauchen, als dass ich die ausgezeichnete Mitarbeit Klette's auch hierbei mit Freuden anerkenne, da ich meine grundlegende Thätigkeit in dem Kreise der Fachgenossen als genügend bekannt voraussetze."[66]

Zeichnungen, Modelle und Wettbewerbsentwürfe für die Dresdner Bahnbauten gingen an das Dresdner Eisenbahnmuseum. Der mit Köpcke befreundete spätere Oberfinanzrat und Mitglied der Eisenbahndirektion Ludwig Neumann hatte 1877 nach Verstaatlichung der Leipzig-Dresdner Eisenbahn-Compagnie begonnen, Dokumente zur ersten Ferneisenbahn auf dem europäischen Kontinent zu sammeln.[67] Sie bildeten den Grundstock des Sächsischen Eisenbahnmuseums. Mit Geschenken und Sammlungen wuchsen die Bestände, die 1897 auf der Sächsisch-Türingischen Landesaustellung in Leipzig erstmals einem größeren Publikum vorgestellt wurden.[68] Unter den zahlreichen Modellen waren die Göltzschtal- und Elstertalbrücke, deren Bau Neumanns Schwiegervater Robert Wilke geleitet hatte. Zu den neueren Exponaten gehörten Modelle des Oschütztal-Viadukts und des Rangierbahnhofs Dresden-Friedrichstadt mit den dazugehörigen Plänen und Fotografien.

Zunächst war die Eisenbahnsammlung in Räumen der Generaldirektion der sächsischen Staatseisenbahnen an der Wiener Straße neben dem Hauptbahnhof untergebracht, aber nur beschränkt zugänglich.[69] 1918, nach Abdankung von König Friedrich August III., wurden die herrschaftlichen Empfangsräume im Nordostflügel des Neustädter Bahnhofs frei und 1923 zum „Eisenbahnmuseum". Die erhaltenen Bestände zählen zu den frühen Exponaten des heutigen Dresdner Verkehrsmuseums.

Patent Sandgleis

83 Patentschrift, 1891

„Man wird daher auch an den Dresdner Anlagen manches nicht neu, vielleicht überhaupt wenig Neues finden.", bemerkt Köpcke.[70] Neu war sicher seine Erfindung des „Sandgleises", für das er 1891 das Reichspatent Nr. 65 623 erhielt, ebenso auch Patente in Österreich und Ungarn (Abb. 83 u. 84).[71] Anlass zu Versuchen hatte ein schweres Unglück am 12. Oktober 1890 auf dem damaligen Schlesischen Bahnhof in Dresden-Neustadt gegeben. Ein Güterzug ging durch und richtete nicht nur großen materiellen Schaden an, sondern kostete auch einen Lokomotivführer das Leben. Nach Köpckes Angaben wurde daraufhin ein Sandgleis eingebaut, das sich während seines sechsjährigen Bestehens bis zum Umbau der Bahnhöfe zweimal bewährte.[72] Der Friedrichstädter Rangierbahnhof erhielt zwei weitere und ebenfalls der Hauptbahnhof, nachdem Personenzüge mehrmals die Puffer überfahren hatten (Abb. 85).[73] Sandgleise fanden auch außerhalb Sachsens Verbreitung, In England wurden auf Köpckes Anregung mehrere Versuchsstrecken bei der

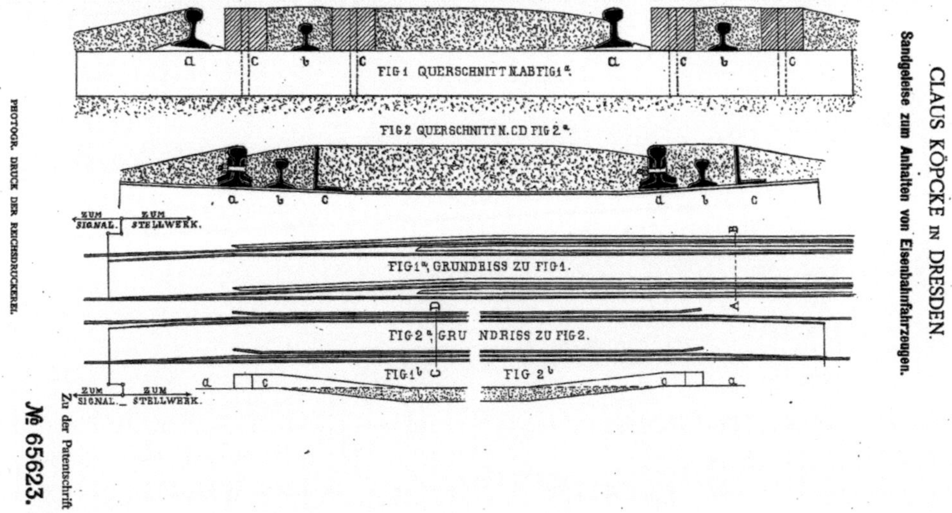

84 Sandgleis, Patentschrift

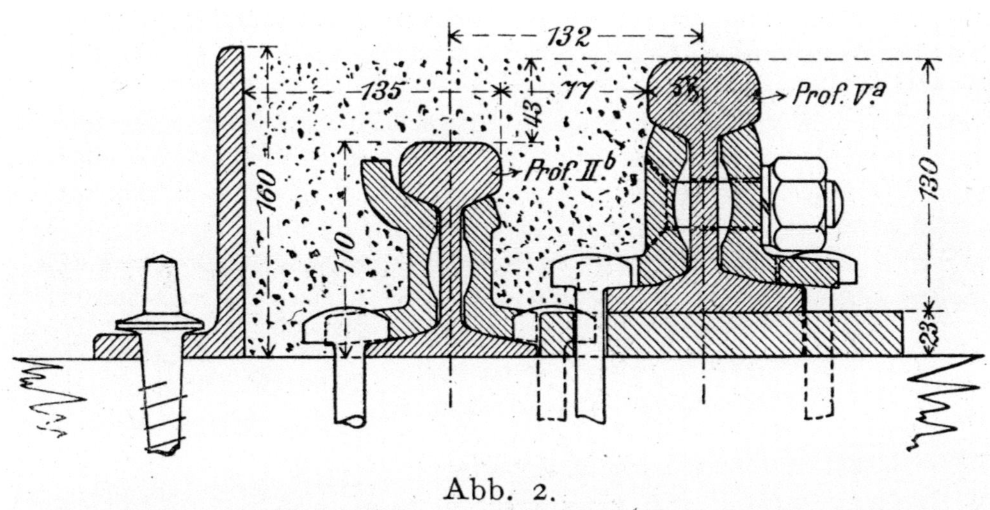

Abb. 2.
Anordnung der Sandgleise im Hauptbahnhof Dresden-Altstadt.

85 Sandgleis im Hauptbahnhof, 1911

London and North Western Railway angelegt.[74]

Anlass für eine erneute erweiterte Publikation seiner Erfindung war der Auffahrunfall zweier Eisenbahnzüge im Bahnhof von Mülheim a. Rhein am 30. März 1910 mit 22 Toten und 54 Verletzten. Wäre das Sandgleis unter die allgemeinen Sicherheitseinrichtungen aufgenommen und nicht nur vereinzelt in Deutschland und Österreich eingebaut worden, hätten schwere Unfälle verhindert werden können, schreibt der Autor. Das Sandgleis hatte sich bewährt und war einfach herzustellen; am Güterbahnhof Friedrichstadt ist eins heute noch erhalten.

Brücken

Eisenbahn- und Straßenbrücke Riesa

Das Hochwasser vom Februar 1876 hatte die Riesaer Elbbrücke auf der Strecke Leipzig-Dresden zum Einsturz gebracht. Tochter Paula beschreibt den dramatischen Einsatz ihres Vaters zur Rettung der Brücke: „Mitten in der Nacht herbeigerufen ließ er Ketten um die Pfeiler legen, sie damit gegen den Wasserdruck stützend, und er war der letzte, der die Brücke verließ, die bald darauf einstürzte.“[75]

Die Brücke war noch nicht ein Jahr alt, als das Unglück passierte. Der Entwurf des eisernen Tragwerks stammte von Fränkel, Köpckes ehemaligem Kollegen an der Polytechnischen Schule. Als Lehrer und Theoretiker hatte er sich sehr verdient gemacht. Der Einsturz seines einzigen größeren Bauwerks muss für ihn eine Tragödie gewesen sein, auch wenn ihn keine Schuld traf. Die beibehaltenen alten Hauptpfeiler wurden vom Hochwasser unterspült und stürzten ein (Abb. 86).[76]

Das Brückenwrack musste wegen der Schifffahrt so schnell wie möglich beseitigt werden, Taucher sprengten die unzerlegbaren Teile.[77] Am 1. Juli 1876 kaufte der sächsische Staat die private Leipzig-Dresdner Eisenbahn-Compagnie, und die Generaldirektion der

86   Die eingestürzte Elbbrücke bei Riesa, 1876

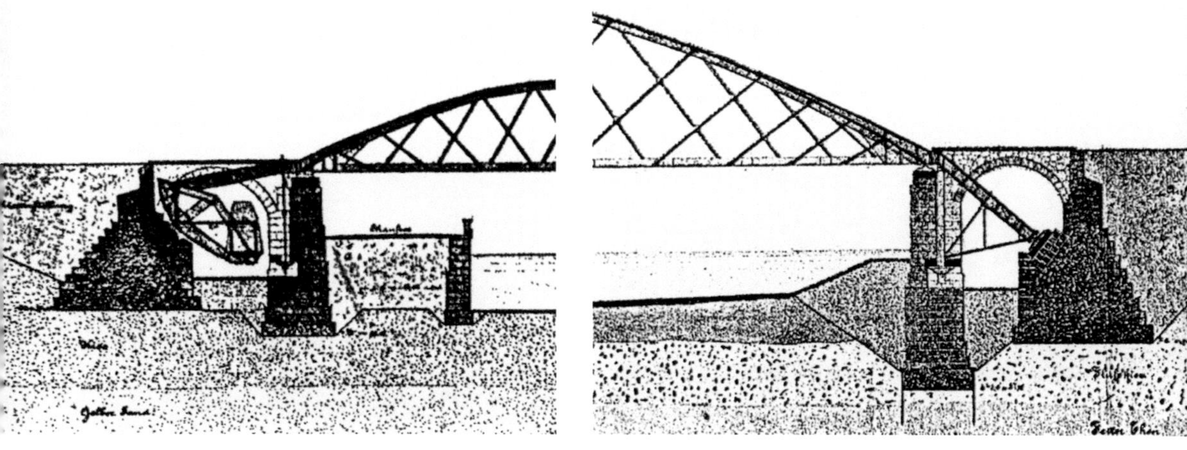

87 Ankerkammer (l.) und Schubstange (r.) der Straßenbrücke, 1879

Staatseisenbahnen erhielt den Auftrag für den Brückenneubau.[78] Acht Monate später konnte der erste Zug die hölzerne Behelfsbrücke passieren.

Auf die Planung der Neubauten wirkte Köpcke dank seiner Stellung im Finanzministerium unmittelbar ein. Für die zweigleisige Eisenbahn- und eine Straßenbrücke griff er auf seinen 1865 in der ZAIVH vorgestellten Entwurf zurück. Es war an der Zeit, denn 1875, ein Jahr zuvor, hatte der Ingenieur August Föppl eine ähnliche Trägerkonstruktion vorgeschlagen, möglicherweise ohne Köpckes zehn Jahre alten Aufsatz zu kennen.[79] Köpcke zögerte nicht, den erst 21-Jährigen auf seinen Artikel aufmerksam zu machen, worauf Föppl dem Älteren die Priorität zugestand.[80]

Nach Begutachtung „competenter Männer der Wissenschaft und Praxis" – Gustav Zeuner, Nachfolger von Hülsse als Direktor des Dresdner Polytechnikums, Funk, Mohr und Fränkel – wurde Köpckes System allerdings

nur für die Straßenbrücke genehmigt (Abb. 87).[81]

Im Sommer 1877 begann die „pneumatische Gründung" der zwei Strompfeiler oberhalb der Behelfsbrücke (Abb. 88). Dazu wurden zwei 31 Meter lange eiserne Caissons (Senkkästen) zum Aufmauern der gemeinsamen Pfeiler beider Brücken im Strom versenkt. Ausführende Firma war die „Bauunternehmung Hacquard & Rost", die das Verfahren schon 1875 bei der Dresdner Albertbrücke angewendet hatte.

Drei der vier Öffnungen waren 101,40 Meter weit gespannt, eine 44,40 Meter. Bauleiter war Wasserbauinspektor Karl Anton Göbel. Mit Hilfe seiner ehemaligen Schüler, der jungen Ingenieurassistenten Otto Klette, Georg Lucas und Friedrich Schildbach, führte Köpcke Verformungsmessungen an den Bauteilen aus Eisen, an Zementmörtel und Naturstein durch. Dafür hatte er spezielle Geräte mit „Libelle" entwickelt.[82]

103

88   Montagegerüst für die pneumatische Gründung (Köpcke unten links), 1877

Im Juli 1878 meldete die DBZ, dass es sich bei der Straßenbrücke um die erste praktische Verwirklichung der Idee Köpckes handle: „den Horizontalschub des Untergurts der Träger, soweit dieser vom Eigengewicht der Brücke herrührt, aufzuheben […] durch eine Verbindung von Hebel-Schubstange und Gegengewichte, die nur an einem Ende der Brücke angebracht sind […]; das andere Träger-Ende ist am Widerlager festgesetzt […]. Es wird gegenwärtig an der Fortschaffung der Träger aus Holz-Fachwerk [der Behelfsbrücke] gearbeitet, wobei man von schwimmenden Rüstungen Gebrauch macht." (Abb. 89)[83]

89 Interimsbrücke neben der neuen Eisenbahnbrücke

Köpckes Winkelhebelkonstruktion war am Ufer in einer Ankerkammer vor der Witterung geschützt untergebracht (Abb. 90). Dank der damit erzielten „Vorspannung" konnten 12 % Eisen eingespart werden, was sich natürlich auf die Kosten auswirkte.[84] Lieferant war das größte Eisenwerk Sachsens, die Königin Marienhütte in Cainsdorf bei Zwickau. Seit den 1850er Jahren hatte der Brückenbau im Werk immer mehr an Bedeutung gewonnen. „Allein in den Jahren von 1853 bis 1883 werden ca. 1000 Brücken und Konstruktion für das In- und Ausland gefertigt."[85] Nach zweijähriger Bauzeit war die Eisenbahnbrücke im Februar 1878 fertig, die Eröffnung der Straßenbrücke folgte im Dezember (Abb. 91).

90 Ankerkammer

91 Die Riesaer Elbbrücken, 1878

Auch hier übernahm die Zeitschrift der „Institution of Civil Engineers" Köpckes „Mittheilungen über die Riesaer Elbbrücke" in englischer Übersetzung. Im Band „Die Bauten, technische und industrielle Anlagen von Dresden", der zur III. Generalversammlung des Verbandes Deutscher Architekten und Ingenieure vom 1. bis 5. September 1878 in Dresden erschien, wurden die Riesaer Brücken als „hinsichtlich des Entwurfes und der Ausführungsweise auf der Höhe der Zeit" stehendes Bauwerk geschildert.[86] In der Begleitausstellung waren sie zu sehen, ebenso wie die Königin-Carola-Brücke in Schandau, die auch unter der Oberleitung des Finanzministeriums entstanden war.[87]

Richard Herzmansky, Ingenieur der k. k. Direction für Staats-Eisenbahnbauten, besichtigte im Herbst 1879 unter Köpckes Führung die Riesaer Elbbrücke und stellte sie dann seinen Fachkollegen in Wien vor.[88] Ausführlich geht er dabei auf die Köpckeschen Neuerungen ein, ist vor allem von „der Beharrlichkeit des Erfinders" beeindruckt und zollt seiner Tätigkeit hohe Anerkennung, „welche reifer Gedankenarbeit gebührt; denn diese überwältigt die grössten Hindernisse, beherrscht die Materie und vergeistigt die Form."

Oschütztal- und Markersbacher Viadukt

1872 hatte eine Privatgesellschaft die Konzession zum Bau der zweigleisigen Strecke erhalten: „[…] man versprach sich bedeutende Einnahmen; denn es fehlte in dem grossen europäischen Eisenbahnnetze nur das Stückchen Bahn: Mehltheuer–Weida und die Hauptverkehrslinie Hamburg–Constantinopel war fertig."[89] Die Bauarbeiten kamen aber zwei Jahre später wegen wirtschaftlicher Schwierigkeiten zum Erliegen. Es war Strousberg, der den Weiterbau übernahm, jedoch, wie bekannt, 1875 Konkurs anmeldete.[90] Im August 1881 erwarb schließlich der Sächsische Staat die Strecke, baute sie aus Kostengründen allerdings nur eingleisig aus.

Die gebirgige Strecke stellte erhöhte Anforderungen an Planer und Erbauer. Unter Köpckes Leitung entstand 1883–1884 der Viadukt über das Oschütztal bei Weida. Krüger entwarf einen Parallelträger in Fachwerk über sechs Öffnungen mit Spannweiten zwischen 25,50 und 36 Metern und einer Gesamthöhe bis 27,70 Meter. Der 185,50 Meter lange eiserne Viadukt auf Pendelpfeilern nach norwegischen Vorbildern war der erste dieser Art in Deutschland (Abb. 92).[91] Vier Lokomotiven dienten zur Belastungsprobe, die Spannungen in Trägern und Pfeilern wurden mit den von Fränkel entwickelten Dehnungs- und Durchbiegungszeichnern ermittelt (Abb. 93).[92] Auch diese Brücke baute die Königin

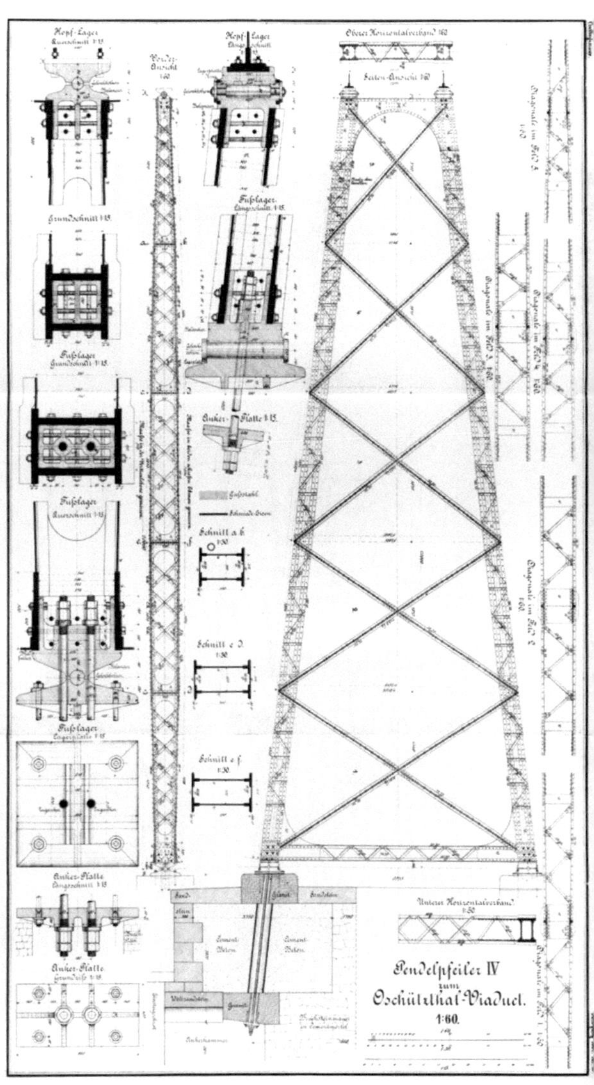

92   Oschütztal-Viadukt, Pendelpfeiler, 1887

93 Belastungsprobe, 1887

94 Oschütztal-Viadukt, 1887

95 Tafel, 2011

Marienhütte in Cainsdorf und montierte sie in nur 13 Wochen. Am 1. Oktober 1884 fand die Eröffnung der Gesamtstrecke statt (Abb. 94). Pausa mit seinen Stahlquellen, die aufblühende Industriestadt Zeulenroda mit ihren dampfbetriebenen Strumpffabriken, Spinnereien und Webereien und das historische Weida waren nun an das Bahnnetz angeschlossen, und neue Fabriken siedelten sich an. Am einem der Pendelpfeiler erinnert eine gut gepflegte Tafel an die Planer (Abb. 95). Die Strecke ist geschlossen, die Brücke vom Abriss bedroht; eine Bürgerinitiative möchte sie retten.

Im Frühjahr 1886 beschloss der sächsische Landtag den Bau der normalspurigen Verbindungsbahn Annaberg-Schwarzenberg.[93] Eine Schmalspurbahn wäre billiger gewesen, schied jedoch wegen des Anschlusses an die normalspurige Bahn zum Zwickauer Kohlebecken aus; zweimaliges Umladen sollte vermieden werden. Die Bahntrasse im Erzgebirge führte durch schwieriges Gelände, das das Schichtenmodell, auch Relief genannt, anschaulich wiedergibt (Abb. 96). Diese Modelle aus dicken Pappschichten wurden mit der topografischen Karte Sach-

sens beklebt und dienten als Hilfsmittel bei der Planung. Köpcke berichtete darüber.[94] Als Fotos, sog. „Relief-Photogramme", waren sie Teil der Planungsunterlagen, sollten aber auch einem breiteren Publikum, Touristen und Schülern zugänglich sein.

Die größte unter den zahlreichen Brücken war der 1888 fertig gestellte Markersbacher Viadukt über das Mittweidatal mit einer Länge von 236,50 Metern und einer Höhe von 25 Metern (Abb. 97). Er war auf Veranlassung Köpckes unter Mitarbeit Krügers mit Fischbauchträgern auf acht Gerüstpfeilern nach amerikanischen Vorbildern ausgeführt, selbstverständlich durch die Königin Marienhütte.[95] Auch hier verweist eine Tafel auf Köpcke und Krüger (Abb. 98). Die Strecke ist in Betrieb, die Brücke gepflegt.

Köpcke hatte wohl auch den zukünftigen Bau der Loschwitzer Brücke im Sinn, als er in seinem Vortrag „Über Eisen und Stein im Brückenbau" versuchte, die letzten Zweifler an der Solidität von Eisenkonstruktionen zu überzeugen.[96] Die größten steinernen Eisenbahnviadukte seien in Sachsen gebaut worden, darunter die über das Göltzsch- und das

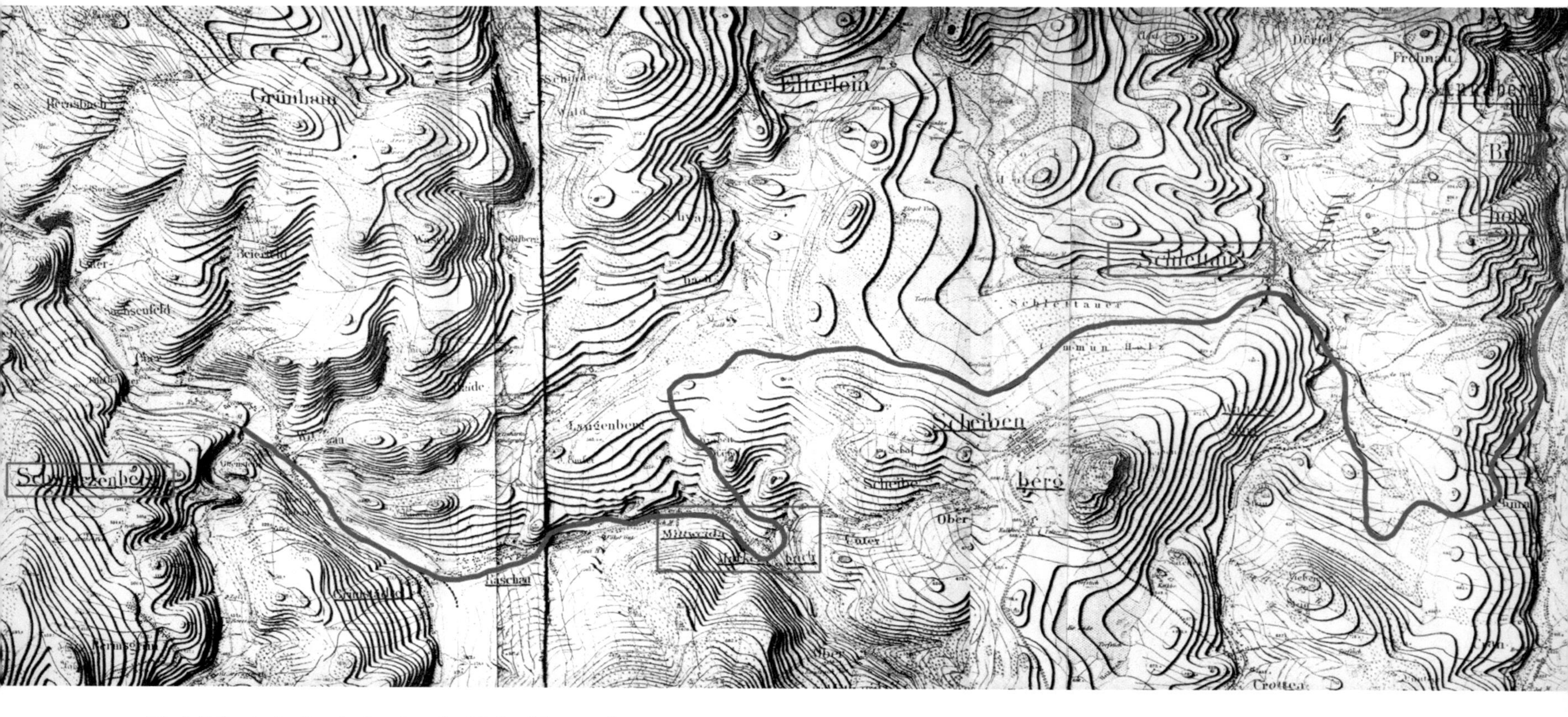

96   Reliefkarte der Strecke Annaberg-Buchholz –Schwarzenberg, 1891

97 Markersbacher Viadukt, 1891

98 Tafel, 2009

Elstertal. Naturstein sei genügend vorhanden, doch Herstellungskosten und Anfälligkeit des Materials bei Stoßeinwirkung und Nässe sprächen für das Eisen. Dass sich eiserne Pfeiler bewährt hatten, wies Köpcke an den Beispielen des Crumlinviadukts in Südwales von 1853 mit gusseisernen und des Varrugasviadukts bei Lima/Chile von 1873 mit 78,80 Meter hohen schmiedeisernen Pfeilern nach.[97]

Die Loschwitz-Blasewitzer Brücke, das „Blaue Wunder"

Köpckes bekanntestes Bauwerk ist die „König-Albert-Brücke" zwischen Loschwitz und Blasewitz. Sie entstand zwischen 1891 und 1893 wiederum in Zusammenarbeit mit Manfred Krüger. Die Straßenbrücke mit einer Mittelöffnung von 146,68 Metern und Seitenöffnungen von je 61,76 Metern wurde zu einem der Wahrzeichen Dresdens und steht als technisches Denkmal unter Schutz. Über die Brücke ist viel geschrieben worden; Köpcke selbst gab in einem Vortrag „Der Loschwitz-Blasewitzer Brückenbau" eine Beschreibung.[98]

Der Wunsch nach einer bequemeren und kürzeren Verkehrsanbindung an die Stadt Dresden durch eine Brücke war schon in den 1870er Jahren laut geworden. Drei Projekte in Eisenkonstruktion lagen zu Beginn der 80er Jahre vor. Im Januar 1888 gingen zwei Entwürfe zur Beurteilung an das Finanzministerium. Dessen Wasserbaudirektion hatte als System eine versteifte Hängebrücke mit drei Gelenken vorgeschrieben. Daher schied das Drahtseilprojekt von Felten & Guillaume, Carlswerk in Mülheim/Ruhr nicht nur wegen der hohen Kosten aus, sondern auch „weil dasselbe einer vom Königlichen Finanzministerium gestellten Hauptbedingung – statische Bestimmbarkeit der Tragkonstruktion – nicht entspricht, und die Brücke ferner

gegen Schwankungen und die dadurch entstehenden schädlichen Einwirkungen auf das Bauwerk weniger gesichert ist und weil gegen die dabei vorhandene Gefahr des Rostens der inneren Drähte der Stahldrahtkabel sich zu wenig thun lässt."[99]

Bis zum Bau der 1890 fertiggestellten Auslegerbrücke über den Firth of Forth in Schottland mit einer Spannweite von bis dahin unerreichten 521 Metern zwischen den Hauptpfeilern waren große Spannweiten nur mit Hängebrücken möglich. Wegen des geringeren Materialaufwands im Vergleich zu Blech-, Gitter-, Röhren- oder Bogenbrücken und der einfacheren Montage waren sie außerdem billiger. Eine der wenigen Hängebrücken für den Eisenbahn- und Straßenverkehr war die 258 m weit gespannte zweistöckige Drahtkabelbrücke über den Niagara, 1851–1855 von Johann August Röbling errichtet. Obwohl durch einen hölzernen Gitterträger ausgesteift, konnte sie wegen der Schwingungsgefahr nur sehr langsam befahren werden. Sie war die einzige Hängebrücke, die 1890 noch dem Eisenbahnverkehr diente.[100]

Dass sich eiserne Konstruktionen mit drei Gelenken bewährt hatten, bewiesen Bogenbrücken, Hängewerke und Hallendächer, die seit den 1860er Jahren gebaut wurden. Köpcke nannte als Beispiel das Dach [des Palmenhauses] der „Flora" in Berlin-Charlottenburg, verschiedene Bahnhofshallen und den „Eiser-

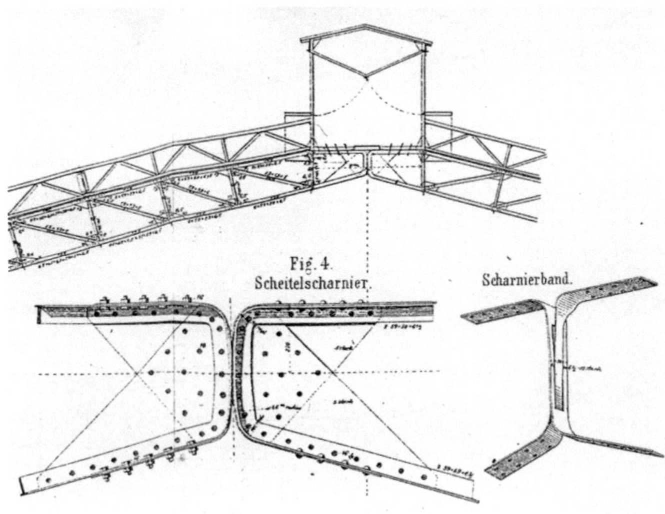

99 Dachkonstruktion des Palmenhauses der „Flora", 1873

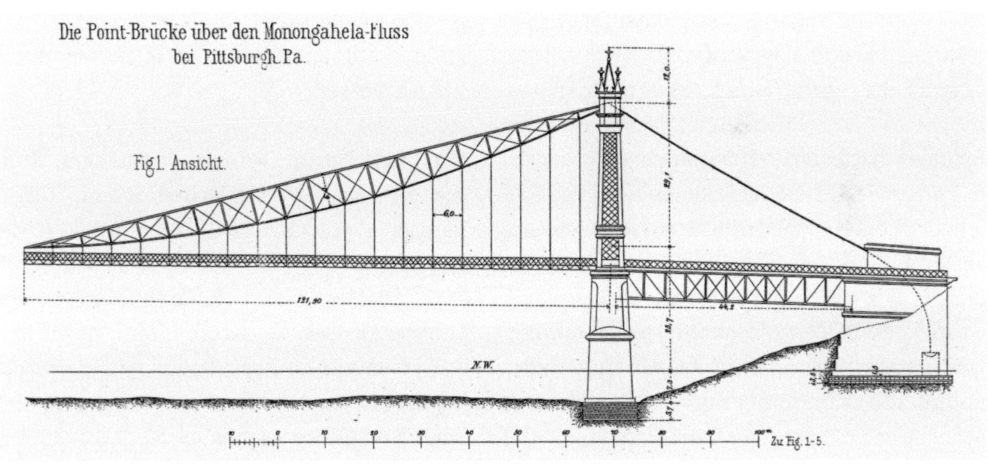

100 Point-Brücke bei Pittsburgh, 1879

nen Steg" in Frankfurt am Main (Abb. 99). Die 1875–1877 erbaute Point-Brücke, eine versteifte Hängebrücke über den Monongahela bei Pittsburgh, fand große Beachtung in der Fachwelt (Abb. 100). Die Hauptöffnung mit einer Spannweite von mehr als 244 Metern hatte sichelförmig versteifte Träger mit geradem Obergurt.[101] Zwei Detailaufnahmen der heute nicht mehr vorhandenen Brücke finden sich in Köpckes Familienalbum (Abb. 101 u. 102). Sie sind 1893 auf der Reise nach Chicago entstanden.

101 Pfeiler der Point-Brücke, 1893

102 Sichelträger der Point-Brücke, 1893

Der Hauptbedingung der Wasserbaudirektion lag das von Köpcke ca. 30 Jahre früher entwickelte System einer versteiften Hängebrücke mit drei Gelenken zugrunde, und der Erfinder hatte ein verständliches Interesse, es zu verwirklichen. Köpcke empfahl das Projekt der Königin Marienhütte zur Ausführung, allerdings mit einigen Änderungen (Abb. 103).[102] Für die Umarbeitung der Baupläne wurde der in der Eisenbahnbauverwaltung beschäftigte Bauinspektor Krüger eingestellt; er tauschte sich ständig mit Köpcke aus.

Eine ornamentale Verzierung der Pylone lehnte Köpcke ab: „So wünschenswerth es erscheinen möchte die Pylonen ästhetisch zu gestalten so dürfte es doch nicht räthlich sein den durch constructive Nothwendigkeit geschaffenen Formen und Gestalten irgend welche ornamentalen Formen anzufügen; es wird vielmehr danach zu streben sein die constructiven Formen [...] mit ästhetischen Anforderungen in Einklang zu bringen, was durch etwas andere Gestaltung der Gelenke geschehen kann."[103] (Abb. 104 bis 106). Die üblichen Bolzengelenke ersetzte er durch „Federgelenke".

Mit Ernst Hartig, seinem ehemaligen Kollegen an der Polytechnischen Schule, führte Köpcke „Versuche über das Verhalten des Flusseisens und Flussstahles in grosser Kälte" durch.[104] Flusseisen – Siemens-Martin- oder Thomas-Flusseisen, heute Stahl genannt – war bis dahin im Brückenbau wenig erprobt. Köpcke holte Gutachten ein und zog den Ingenieur Georg Mehrtens zu Rate, der seit 1888 mit den Brücken über Weichsel und Nogat betraut war.[105] Mehrtens trat für Flusseisen vor allem wegen dessen Elastizität ein, doch fehlte es in Deutschland dazu noch an Erfahrung.[106] 1889 wurde eine Drehbrücke im Hamburger Hafen als eine der ersten aus Flusseisen fertig.[107]

Noch im Dezember 1888, nachdem Köpcke und Krüger schon zahlreiche Berichte, Zeichnungen und Berechnungen angefer-

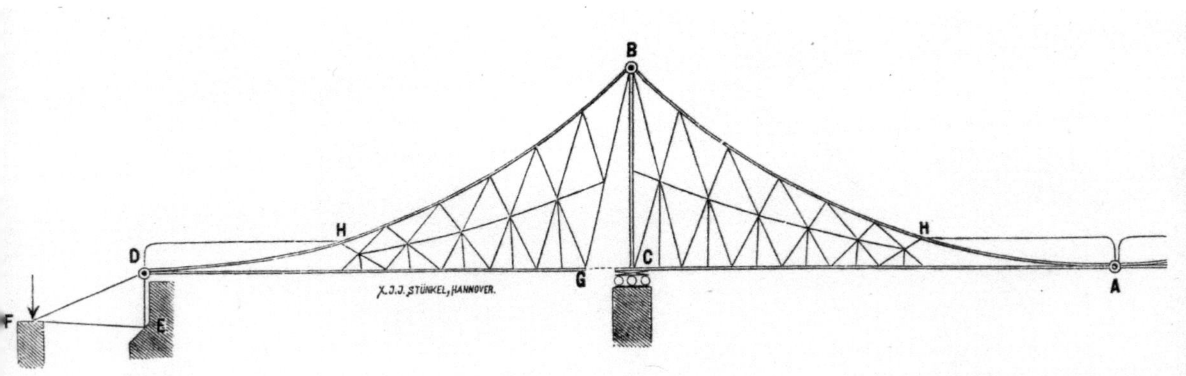

103   Systemzeichnung der Loschwitz-Blasewitzer Brücke, 1888

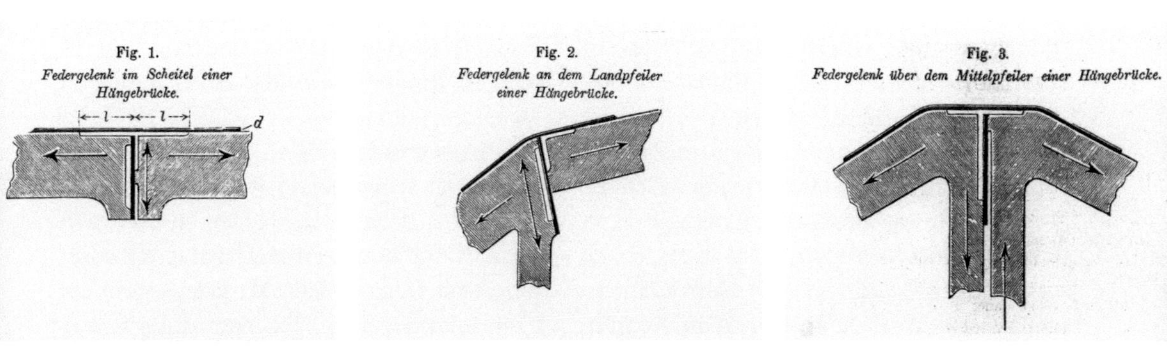

104 – 106   Federgelenke, 1889

tigt hatten, stand eine steinerne Brücke zur Diskussion: Zwar sei die Herstellung teurer, der Unterhalt dafür billiger, und nach dem Urteil des Loschwitz-Blasewitzer Elbbrücken-Verbandes, eine „dem landschaftlichen Bild am meisten zusagende Verbindung".[108] Doch vor allem wegen Behinderung der Schifffahrt durch Strompfeiler erhob der Sächsische Schiffer-Verein im April 1889 Einspruch. Da waren Planung und Berechnung der versteiften Hängebrücke fast abgeschlossen.

Die auf wenige Firmen beschränkte Ausschreibung ging auch an die Dresdner Krupp-Vertretung, die jedoch ablehnte.[109]

Dass die Königin Marienhütte schließlich den Zuschlag erhielt, war fast zu erwarten. Sie hatte in der engeren Wahl nicht nur ihr ursprüngliches Preisangebot reduziert, sondern auch die Mehrzahl ihrer Brücken nach Sachsen geliefert. Aus verständlichen Gründen gab Köpcke ihr den Vorzug, „da die K. Marienhütte nicht nur als einheimisches Werk mehr Sicherheit bietet als ein auswärtiges sondern weil sie sich bei andern Ausführungen in vorzüglicher Weise bewährt hat z. B. bei den Elbbrücken in Schandau und Riesa sowie der Viadukte bei Mittweida und vieler anderer Bauwerke." Die Loschwitz-Blasewitzer Brücke war ihr „1500. Bauwerk".[110]

1890 waren Pläne in der Arnoldschen Buchhandlung ausgestellt. Am 7. Dezember berichtet der Dresdner Anzeiger: „Die Profilzeichnung der Brücke macht überhaupt den Eindruck, als sei dem Erfinder die Aufgabe gestellt worden, eine Brücke mit so wenig wie möglich Eisen- und Steinmaterial herzustellen. Infolgedessen macht das Bauwerk schon auf der Zeichnung einen unschönen Eindruck, es erzeugt auch unwillkürlich die Befürchtung ungenügender Sicherheit, wenn auch solche Befürchtungen thatsächlich gewiß nicht begründet sind. Anerkannt in ganz Deutschland ist aber auch die Anmuth und Schönheit der dortigen Landschaft. Soll sie wirklich in ähnlicher Weise, wie das Landschafts- und Stadtbild Meißen verunglimpft werden durch diesen Brückenbau [...]?"[111]

Obwohl Köpcke mit den Dresdner Bahnhofsprojekten voll beschäftigt war, verfolgte er den Bau der Loschwitzer Brücke im Detail. Das ist nicht nur in den Akten, sondern auch auf privaten Fotos dokumentiert (Abb. 107 bis 110). Selbst für den Abstand der Geländerstäbe holte sich Krüger Köpckes Zustimmung ein, nachdem Kinder versuchsweise hindurchgekrochen waren. Zur Frage eines geeigneten Fahrbahnbelags wurden Kollegen, die mit Köpcke befreundeten Franzius in Bremen und Meyer in Hamburg, angeschrieben, obwohl ein Patent von Hermann Klette für einen Holz-Asphalt Belag bereits vorlag.[112]

Meyers Antwort vom 4. März 1892 ist freundschaftlich familiär: „Lieber Köpcke! Die Eisenrippen mit Asphalt möge der Teufel holen. Sie sind das unreife Erzeugniß einer meiner Baumeister, welcher ein theoretisierender aber etwas unpractischer, und nun, mit 10 oder 20 Kindern gesegnet, einen lumpigen Menschen gefunden hat, der diese ‚Erfindung' vermöge eines feierlichen Contractes, in welchem dem armen Baumeister 33,3% des Verdienstes zugesprochen werden, annectirt [?] u zur Patentierung gebracht habe, um nach möglichst weitgehender Marktschreierei die Patente in den verschiedenen Ländern sehr theuer an den dummen Mann zu bringen [...]"

Meyer schließt den Brief, dass er sich auf ein fröhliches Wiedersehen auf der Wanderversammlung in Leipzig freue. Sie sollte mit der feierlichen Enthüllung des Semper-Denkmals auf der Brühlschen Terrasse in Dresden am 1. September ihren Abschluss finden.[113]

Der Fahrbahnbelag wurde schließlich in Eichenpflaster über einer diagonal verlegten eisernen Tragkonstruktion ausgeführt. Zwei Pferdebahngleise waren darin eingelegt. Mit der Planung und Ausführung von Zufahrtsstraßen, Pfeilern und Ankerkammern war Bauinspektor Aemil Ringel beauftragt (Abb. 111 u. 112). Anders als im schlichten eisernen Oberbau wollte man hier allerdings nicht auf dekorative Elemente verzichten: Die mit

107–110 Die Loschwitz-Blasewitzer Brücke im Bau

Sandstein verkleideten Betonbauten tragen Zinnenbekrönung und Rundbogenfries, die den Eindruck mittelalterlicher Solidität vermitteln. Die Eisenkonstruktion erhielt einen blauen „Kobalt-Zinkweiß"-Anstrich, der die Brücke als das „Blaue Wunder" bekannt machte.

Für die Überwachung war Personal mit besonderen Fähigkeiten nötig: „Der Wärter selbst möchte ein kräftiger jüngerer Mann sein, welcher gut sieht, turnerisch veranlagt und schwindelfrei ist, sich nicht scheut mit Hilfe von Feuerwehrleitern in den Diagonalen emporzusteigen [...].", schreibt Krüger an Köpcke. Außerdem solle er handwerkliches

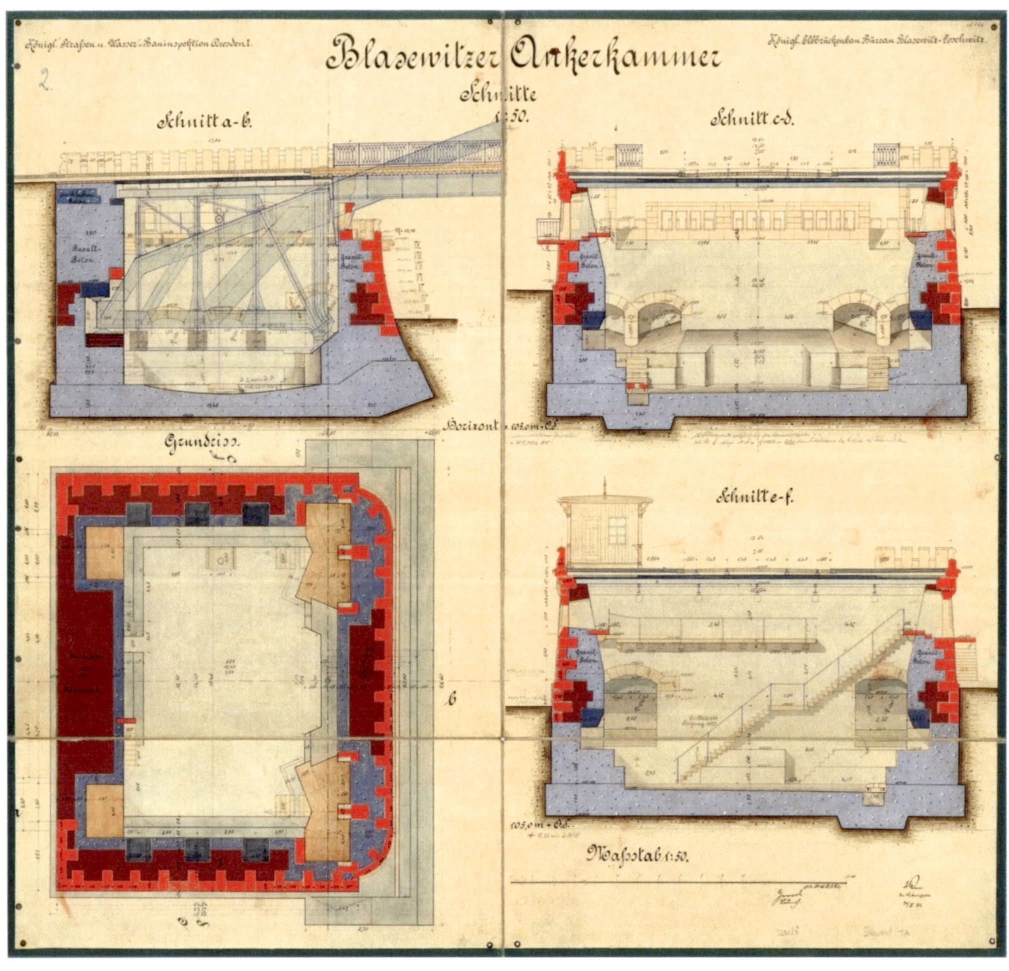

111 Ankerkammer Blasewitz

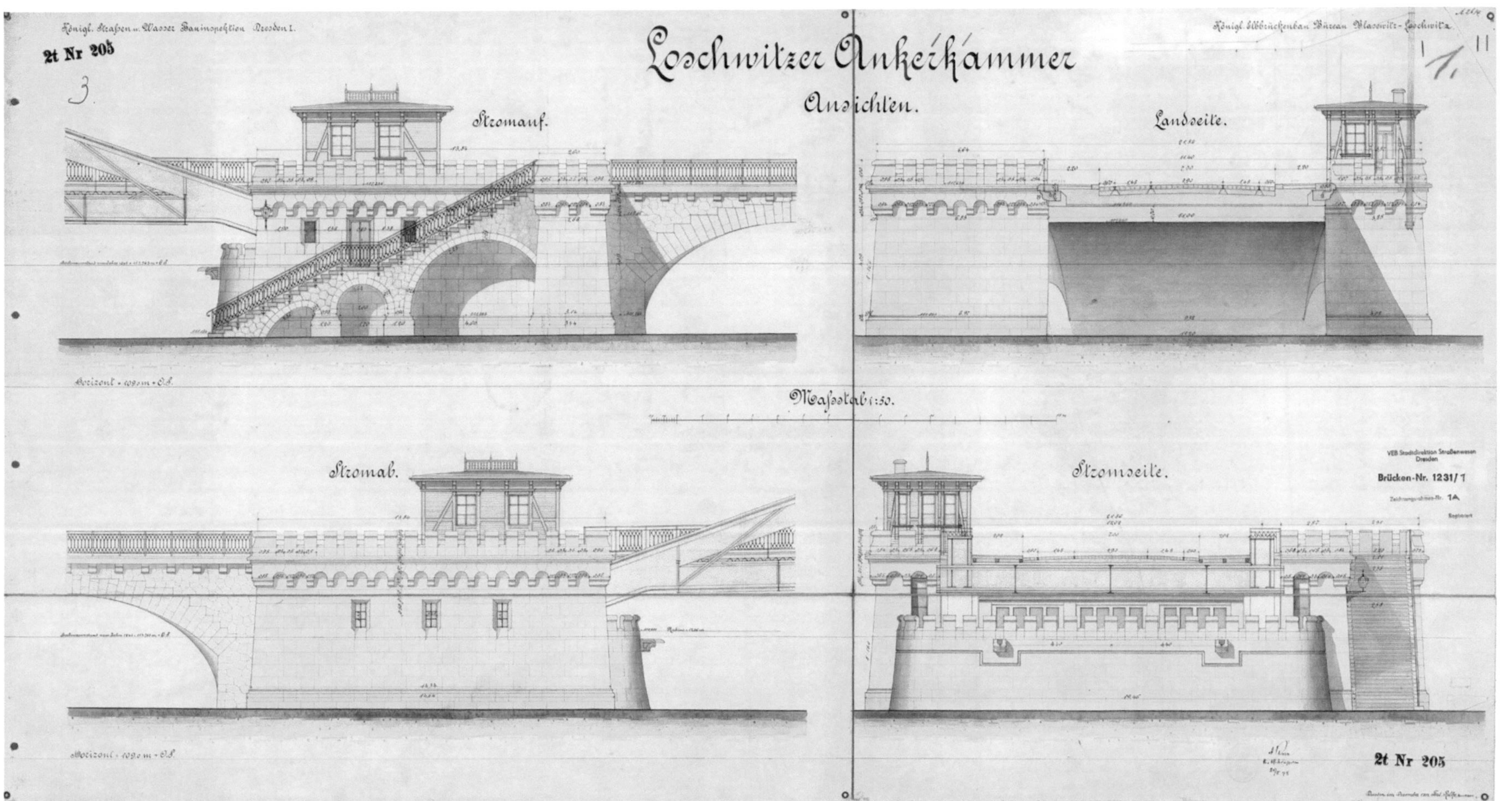

112 Ankerkammer Loschwitz

113   Brückenbremse mit Mast, 1893

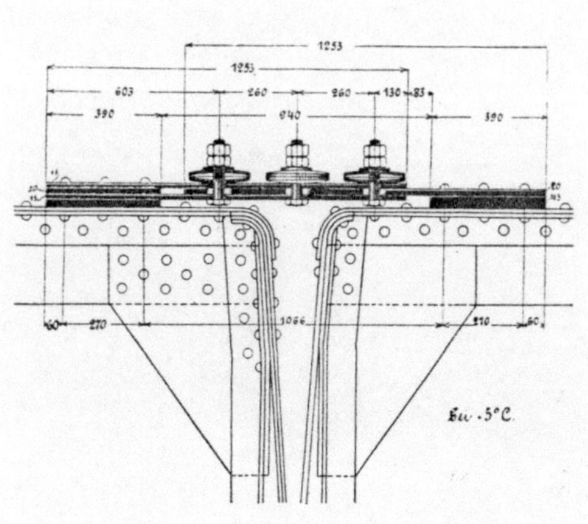

114   Brückenbremse, 1895

Geschick mitbringen, da er kleinere „Regulaturen" auszuführen, „Anzeigen" klar und deutlich zu schreiben und die Kopfgelenke der Pylone zu ölen habe.

Die von Köpcke entwickelte „Brückenbremse", wurde mittig auf dem 2.50 Meter hohen Versteifungsträger angeordnet (Abb. 113 u. 114). Sie sollte größere Schwingungen z. B. beim Überqueren von Soldaten im Gleichschritt oder bei seitlichen Windstößen verhindern.[114]

Als wichtigste Neuerungen nennt Köpcke in seinem Vortrag, den er nach Vollendung der Brücke in der naturwissenschaftlichen Gesellschaft „ISIS" hält:

„1. die Verbindung der Pilonen mit den Trägerhälften der Hauptöffnung,

2. die Anwendung von Federn zu den Gelenken,

3. die Anbringung des Scheitelgelenkes unter der Fahrbahn,

4. die kreuzweise Anordnung der Querträger,

5. die Anwendung von mit je ca. 1500 t Schlacken und Roheisen belasteten Ankern zur Übertragung der Schubkräfte auf den Erdboden."[115]

Am 11. Juli 1893 fand die Probebelastung statt, die keine bleibenden Verformungen ergab (Abb. 115). Der Loschwitzer Fotograf August Kotzsch hielt sie fest, ebenso die feierliche Einweihung am 15. Juli, bei der Köpcke das Finanzministerium vertrat (Abb. 116). Über die Festveranstaltung wurde ausführlich berichtet. Mit einem „Hoch auf die Gemeinden und die Gemeinderäthe von Loschwitz und Blasewitz" beendete Köpcke seine kurze Ansprache. Mit Böllerschüssen und einem dreifachen Tusch wurde die Brücke dann dem Verkehr übergeben, ein Wagen der gelben Dresdner (Pferde-)Straßenbahn, ein elektrischer Motorwagen der Deutschen Straßenbahngesellschaft mit angehängtem Personenwagen und dann wieder ein Wagen

115 Belastungsprobe, 11. Juli 1893

der Dresdener Straßenbahn folgten der Festgesellschaft in Richtung Loschwitz.

Zur Eröffnung dichtete Prof. Reinhardt:

„Willst ein blaues Wunder seh'n,
Mußt nach Blasewitz du geh'n,
Dorthin, wo so lieblich gelbe
Talwärts fließt die gute Elbe
Zwischen Losch- und Blasewitz
Langsam wie ein lahmer Blitz.
Eine Brücke tat man bauen
Wirklich schneidig anzuschauen,
Und im ganzen auch recht stilvoll,
Sodaß jeder der gefühlvoll
Und Verständniß dafür hat,
Sagen muß: „Ja, die macht Staat!"

Ganz in Eisenkonstruktion –
Merk' dir das mein lieber Sohn!
Türmchen drauf, höchst elegant
Wendeltreppen drin charmant
Wunderschön blau angemalt,
Und wer drüber will der zahlt.
Nur Berliner, immer schlau
Rufen hämisch: „Na, so blau!"[116]

Es gab auch Gegenstimmen: Scharfe Kritik äußert Fachkollege Mehrtens, seit 1895 Nachfolger Fränkels an der Technischen Hochschule Dresden.[117] In seinem Brückenbuch für die Pariser Weltausstellung 1900 schreibt er: „Die Köpcke'schen Neuerungen bieten zweifellos ein hohes theoretisches Interes-

se. Aber die reizlosen Umrisse der durchweg vernieteten schweren Obergurte der Loschwitzer Brücke in Verbindung mit dem ungewöhnlich hohen Pfeilverhältnis von etwa 1/6 und der unschönen Versteifung des Mittelgelenkes durch aufgelegte Trägerstücke wirken in ästhetischer Beziehung wenig befriedigend. Was die künstliche Begrenzung des Horizontalschubes anlangt, so liegt dazu nach Ansicht des Verfassers aus Gründen der Sicherheit eine Nothwendigkeit nicht vor. Durch den Bau einer Auslegerbrücke hätte man eine noch sicherere und dabei einfachere Konstruktion ohne Horizontalschub erhalten, deren Umrisse, wenn man sie wie bei einer Hängebrücke gestaltet, in der Landschaft günstiger wirken würden, als diejenigen der Loschwitzer Brücke." (Abb. 117)[118]

Köpckes letzter Akteneintrag zur Loschwitzer Brücke stammt vom 1. August 1893. Anschließend reiste er zur Weltausstellung nach Chicago. Das sächsische Finanzministerium war dort mit einer Ausstellung der neuesten Verkehrsplanungen vertreten, an denen Köpcke verantwortlich mitgewirkt hatte.

Es war nicht von vornherein klar, welchen Beitrag die deutschen Ingenieure auf der ursprünglich für 1892 geplanten Ausstellung liefern sollten. Noch in der Sitzung des Dresdner Zweigvereins des SIAV vom 23. November 1891 wollte die Mehrheit der Teilnehmer Arbeiten aus Mechanik und Chemie

116 Einweihung, 15. Juli 1893

beisteuern. Bau- und Projektpläne der Ingenieurbaukunst trügen doch zumeist nur den örtlichen Verhältnissen Rechnung.[119] Da war es ein Glück, dass die Ausstellung um ein Jahr verschoben wurde, denn so konnte Köpcke das vollendete „Blaue Wunder" vorstellen. Die wichtigsten technischen Bauvorhaben Sachsens, der Ausbau des Bahnnetzes und die Umgestaltung der Dresdner Bahnhofsanlagen, waren erst in der Planung oder im Bau.

Die Ausstellungsvorbereitung verlief jedoch nicht reibungslos: Mit dem Anker- und Scheitel-Modell der neuen Brücke gab es Terminschwierigkeiten. Der Modellbauer versprach, das Pylonenmodell bis Ende Februar abzuliefern. Der ursprünglich für die Darstellung der Brücke verpflichtete Zeichner war mit dringlicheren Arbeiten beschäftigt und musste ersetzt werden. Die heute noch im Stadtarchiv Dresden vorhandenen farbigen Darstellungen entsprachen vielleicht den in Chicago ausgestellten Plänen.

Der sächsische Hoffotograf Emil Römmler, Gründer der Lichtdruckanstalt Römmler & Jonas und bekannt für seine Architekturfotografien, erhielt den Auftrag für Großfotos der Brücke vor und nach Abbau der Gerüste und für 12 Vergrößerungen von 100 x 80 Zentimetern.[120] Eine der Aufnahmen war für Chicago bestimmt, die übrigen gingen an den Staatsminister, an Abteilungsdirektoren, an das Ministerium für öffentliche Arbeiten

117 „Blaues Wunder" (Ausschnitt), 1903

in Berlin, die Hochschule und andere Empfänger. „Sämtliche nach Chicago gesendeten
die Elbbrücke betreffenden Gegenstände
sind, um bei etwaigem Untergang derselben
Nachweis erbringen zu können, vorher pho-
tographiert worden. Die Kosten dieser Photographien belaufen sich laut beigehender
Rechnung des Herrn Römmler auf 200 Mk;

[...] die Photographien ermöglichen auch, da
die Platten bei Herrn Römmler aufbewahrt
werden, Veröffentlichung des Bauwerks in
einer technischen Zeitschrift." [121] Römmlers
Archiv wurde 1945 zerstört. Zeitgenössische
Aufnahmen professioneller Fotografen gibt
es jedoch viele. Sie belegen das Aufsehen, das
die Brücke erregte. Sie war und ist einmalig.

PIRNA

118 Köpcke an der Marienbrücke, um 1895

Eisenbahn-Marienbrücke in Dresden

Die alte Marienbrücke von 1852, für Straßen- und Eisenbahnverkehr gebaut, genügte nicht mehr den Verkehrsanforderungen. Sie sollte nur noch als Straßenbrücke dienen, nachdem mit den Bahnhofsplanungen eine neue viergleisige Eisenbahnbrücke erforderlich wurde (Abb. 118). Für Entwurf und Ausführung war Manfred Krüger verantwortlich, der als rechte Hand von Köpcke schon vorher,

insbesondere beim „Blauen Wunder", sein Talent bewiesen hatte.[122] Er sollte sein Nachfolger werden.

Höhe und Stützweite der Brückenbögen waren durch die alte Marienbrücke vorgegeben. Die drei größeren Öffnungen über die Elbe erhielten mit Rücksicht auf die Schifffahrt eine Spannweite von 65,75 Metern, die doppelte der alten Marienbrücke (Abb. 119). Damit die Aussicht elbabwärts nicht behin-

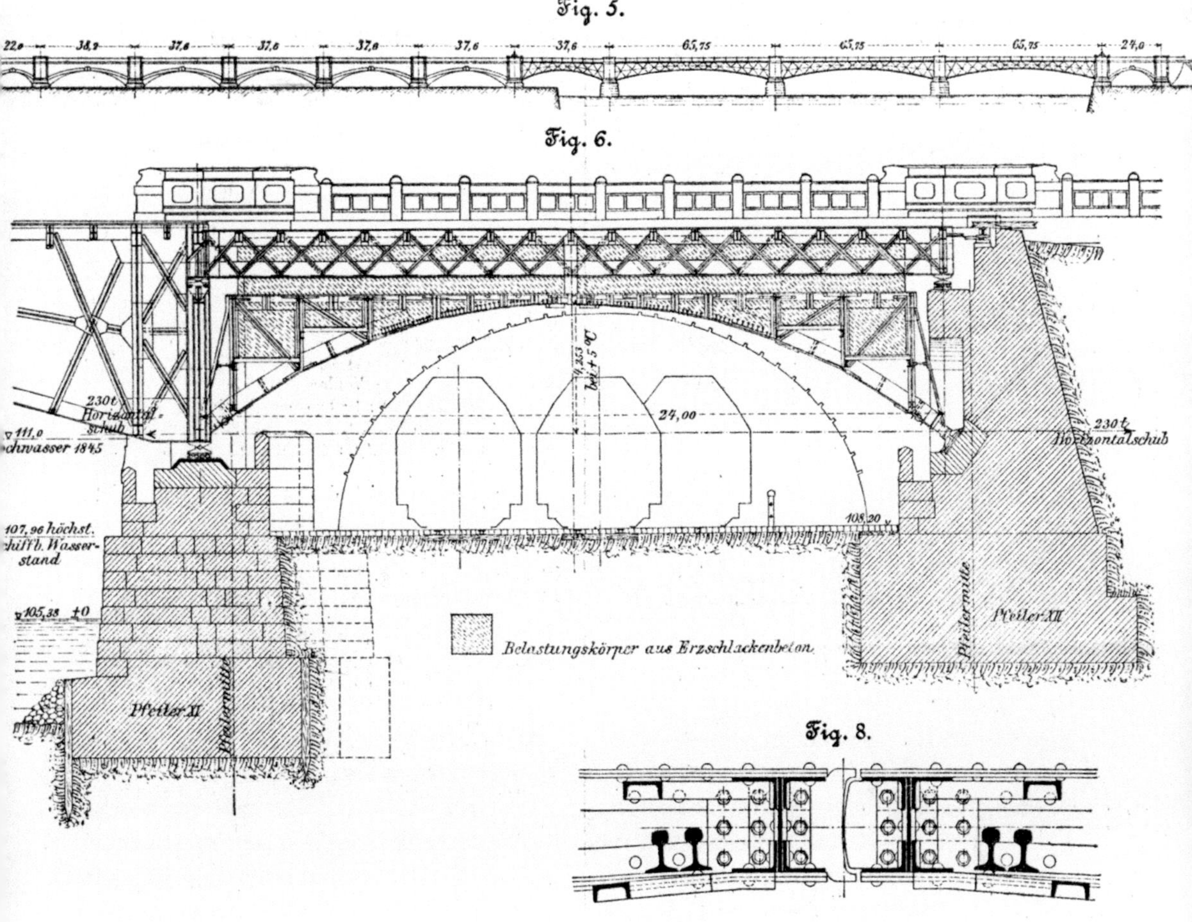

119   Gesamtansicht der Eisenbahnbrücke (o.), belasteter Dreigelenkbogen und Scheitelgelenk, 1898

dert wurde, durfte die Scheitelhöhe der Bögen nur 3 Meter betragen. Das wurde durch einen „kontinuierlichen Balkenträger" oder Durchlaufträger erreicht, auf den ein belasteter Dreigelenkbogen konstanten Schub ausübte, ähnlich dem System der Riesaer Brücke. An die fünf eisernen Träger schloss sich der mit Sandstein verkleidete Viadukt mit Spannweiten bis 38,2 Meter aus Stampfbeton der Firma Dyckerhoff & Widman an (Abb. 120). Die Festigkeit von Stein und Beton wurde anhand von Pressversuchen geprüft. Die Dortmunder Brückenbau-Anstalt August Klönne, die auch schon die Eisenkonstruktionen des Dresdner Hauptbahnhofs ausgeführt hatte, erhielt den Bauauftrag.

Die Form der Gelenke aus konkav und konvex geformten Naturstein- und Betonblöcken (Wälzgelenke) hatte sich seit 1880 bei Brücken auf den Strecken Pirna-Berggiesshübel und Hainsberg-Kipsdorf bewährt (Abb. 121).

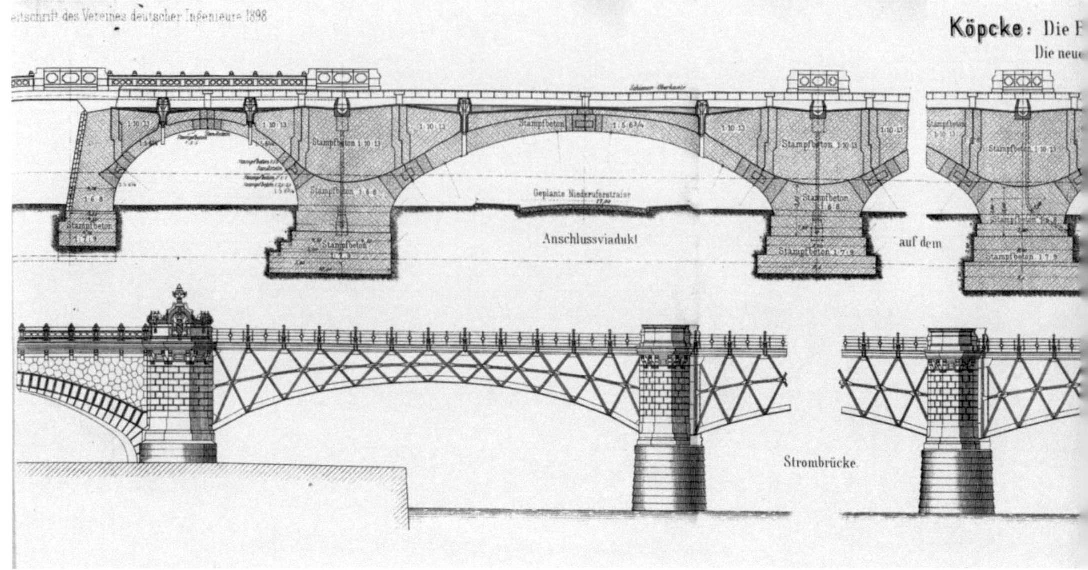

120   Vorlandbrücke (o.) und Strombrücke, 1898

Köpcke berichtet darüber in seinem Artikel „Ueber die Verwendung von drei Gelenken in Steingewölben" von 1888.[123] Als 1896 ein Aufsatz über „Stein- und Betonbrücken mit gelenkartigen Einlagen" des Stuttgarter Ingenieurs Reihling in der ZAIVH erscheint, der Köpckes System übernommen hatte, ohne den Erfinder zu nennen, reagiert der empfindlich: „ [...] jedenfalls aber handelt es sich um die Anwendung von 3 Gelenken, welche meines Wissens von mir zuerst und in dieser Zeitschrift für Eisenträger wie für Steingewölbe vorgeschlagen und begründet worden ist. Ich darf daher wohl bitten, hiervon gefälligst Notiz zu nehmen."[124] Die am 1. März 1901 eingeweihte Brücke war Köpckes letztes Großprojekt.

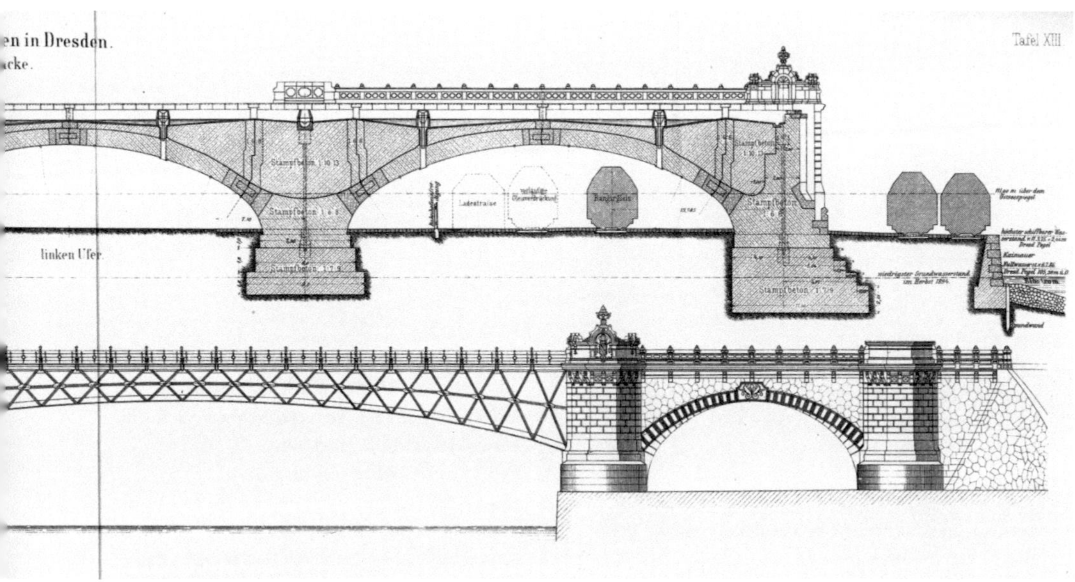

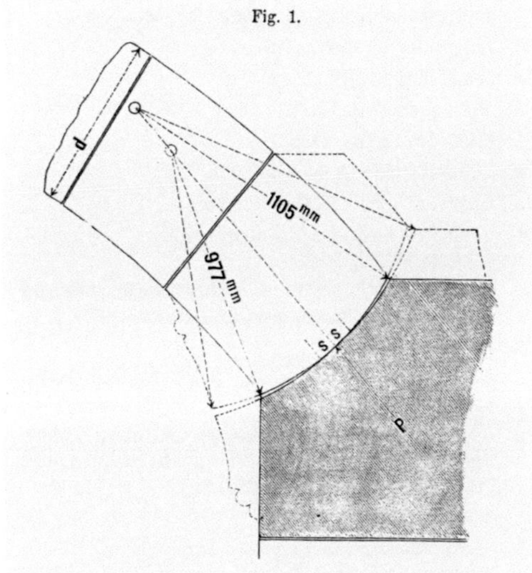

121   Kämpfergelenk aus Stein oder Beton, 1888

1 Vgl.: Staatshandbuch für das Königreich Sachsen 1873.

2 Ab 1896 Bankstraße.

3 Paula Erinnerungen I.

4 Vgl.: Pampel 1989.

5 Brief vom 11. Juni 1890.

6 Siehe dazu: Bebauungspläne und Bauvorschriften für das Königreich Sachsen (vom 30.9.1896), in: ZAIW 1897, Sp. 179 ff. – Pampel 1989, S. 18.

7 ZVDEV 1865, S. 580.

8 Köpcke 1877 (1).

9 Beiblatt zu No. 51 der ZVDEV 1868, S. 759 f. – Siehe Kap.: Bei der Hannoverschen Eisenbahnverwaltung 1853–1868, S. 40.

10 DBZ 1869, S. 388.

11 Wernich, Zur Geschichte der „Technischen Vereinbarungen.", in: DBZ 1876, S. 473 f. u. 484 f.

12 Köpcke 1877 (1).

13 Sorge, Carl Theodor, Die Secundairbahnen in ihrer Bedeutung und Anwendung für das Königreich Sachsen, Dresden 1874, S. 7.

14 Ders.: Ein weiteres Wort zu Gunsten der Secundärbahnen in Sachsen, Dresden o. J. (ca. 1875), S. 11.

15 Nachruf Sorge, in: DBZ 1877, S. 49.

16 Petzholdt, I. (Hrsg.), Aus dem Nachlasse des Königs Johann von Sachsen, Dresden 1880, S. 16 ff.

17 DBZ 1876, S. 286.

18 Haussen, Ulf/Haussen, Waldemar, Die Feldabahn, erste meterspurige Eisenbahn in Deutschland, Egglham 1993, S. 12; Hostmann, Wilhelm, Die Feldabahn, Eisenach 1879. – Köpcke soll auch an Gutachten für die „Anhalter Harzbahn", 1886 von der „Lokalbahn-Bau- und Betriebsgesellschaft Hostmann & Co." begonnen, und die „Altonaer-Kaltenkirchener Bahn" beteiligt gewesen sein.

19 Zitiert nach: Schmidt, Markus/Thielmann, Georg, Die Feldabahn, in: EK-Reihe Regionale Verkehrsgeschichte, Bd. 20, Freiburg 1997, S. 8.

20 Zu Hostmann konnten folgende Daten ermittelt werden: Wilhelm Otto Hostmann, 1841 Celle – 1923 Blankenese, Großherzogl. Sächs. Baurat; ab 1858 Ingenieurstudium am Polytechnikum in Hannover, 1870 Ernennung zum Bauführer und Vereidigung, Meppen, seit 1873 in Weißenfels, 1878 in Salzungen, 1880 in Eisenach, 1882 in Halle, 1884 in Hannover; Spezialist für Bahnbau, um 1890 in Berlin, Träger des Sächs. Albrechtsordens.

21 Ledig/Ulbricht 1895, S.7.

22 SHStA, FM 7913: Das Königliche Dekret Nr. 24: Erbauung mehrerer Sekundär-Eisenbahnen betr.

23 ZVDEV 1881, S. 1396. Zit. nach ZAIVH 1882, S. 408.

24 Köpcke/Bergmann/v. Lilienstern 1883 (1).

25 Abb. siehe Preuß/Preuß 1983, S. 53.

26 Köpcke 1883 (2).

27 Brief vom 19. Jan. 1882.

28 2002 wurde die Strecke durch Hochwasser schwer beschädigt. Es ist geplant, die Strecke bis Kipsdorf wiederherzustellen.

29 Landtags-Acten 1879/80, Königliches Dekret Nr. 24, S. 123-129: Hainsberg-Dippoldiswalde-Schmiedeberg.

30 Ledig/Ulbricht 1886, S. 7 f.

31 Ledig/Ulbricht 1895, S. 146.

32 Siehe auch: Ledig/Ulbricht 1886, S. 16, Taf. II.

33 Brief vom 12. Juni 1886.

34 Zug der Zeit 1989, Bd.2, S. 462 ff.

35 Brief vom 5. Juni 1886.

36 Neidhardt, Ingo, u. a., Schmalspur-Album Sachsen, Bd. 7, Zittau 2007, S. 99 ff.

37 Hostmann, Wilhelm, Die wirtschaftliche Erschließung des Riesen- und Isargebirges, in: Zeitschrift 1897, S. 2.

38 Zeitschrift 1898, S. 1.

39 1883 in „Zeitschrift für das gesammte Local- & Strassenbahn-Wesen" umbenannt.

40 Wall, Henning, Regierungsbaumeister Gustav Küchler. Konkurrent in Bau und Betrieb von Kleinbahnen, in: die Museums-Eisenbahn 1, 2002, S. 14.

41 Zeitschrift 1897, 1898, 1899.

42 Sächs. Staatsministerium der Finanzen (Hrsg.), Finanzministerialgebäude 1883 1995, Leipzig 2003³, S. 25.

43 Brief vom 10. Sept. 1897.

44 In Dresden kamen von 1894 bis 1896 Gas-Straßenbahnen zum Einsatz. Der Dresdner Ingenieur Carl Lührig hatte sich 1892 einen gasbetriebenen Motorwagen patentieren lassen.

45 Zeitschrift 1897, S. 6.

46 Niethammer, Albert, Die Schmalspurbahn im sächsischen Eisenbahnbetrieb, Dresden 1898(?), S. 1.

47 ZAIVH 1897, Sp. 407 ff.

48 Köpcke 1898, S. 1129.

49 Siehe: Krings 1985. – Die Bahnhöfe von Hannover, Hildesheim und Bremen sind nach Entwürfen von Hubert Stier erbaut.

50 Festschrift 1998, S. 8 ff.

51 Köpcke 1898, S. 1130. – Der Plan Preßlers, in: Conrad, Dietrich, Die Dresdner Bahnhöfe, in: Dresdner Geschichtsbuch, Altenburg 1996, S. 119.

52 Köpcke 1898, S. 1131.

53 Zum Hafen siehe: Grosch, Gustav, Der Bau des neuen Verkehrs- und Winterhafens – König Albert-Hafens – in Dresden-Friedrichstadt, in: ZAIW 1997, S. 2 ff., Abb. 1-4.

54 Klette, Otto, Die neuen Bahnhofsbauten in Dresden, in: Civ 1895, Sp. 149.

55 Köpcke 1890. – Siehe auch: Köpcke 1871 (1).

56 Vgl.: Findlay, George, The Working and Management of an English Railway, London 1889, p. 170-180.

57 Abb. in: Festschrift 1998, S. 17.

58 Zum Wettbewerb siehe: Krings 1985, S. 400 ff.

59 Karl Ernst Otto Fritsch (1838–1915), Architekt und Gründer der DBZ, beurteilte die Fassaden „in ziemlich schweren Verhältnissen und den Renaissanceformen der Dresdner Schule gestaltet". In: Fritsch, K. E. O., Der Wettbewerb für Entwürfe zu dem neuen Haupt-Personenbahnhofe in Dresden, in: DBZ 1892, S. 591.

60 Köpcke 1898, S. 1134.

61 Vertrag zwischen dem Königlich Sächsischen Staatsfiskus und der Stadtgemeinde Dresden bez. der Dresdener Fleischerinnung, die Umgestaltung der Dresdener Bahnhöfe betreffend. In: SHStA, FM 4831.

62 Köpcke 1898, S. 1137. – Ulbricht hatte 1870 sein Studium am Polytechnikum unter Köpcke abgeschlossen. Siehe auch ZBV 1919, S. 180; Landgraf 1994, S. 39.

63 Seit 15. Dezember 1895.

64 Müller, Richard, Die Haltestelle Wettinerstrasse in Dresden, in: DBZ 1897, S. 629 ff.

65 DB Station & Service AG (Hrsg.), Hundert Jahre Bahnhof Dresden-Neustadt 1901 – 2001, Dresden 2001.

66 Köpcke 1897 (2).

67 Dünnebier, Michael/Giesel, Thomas/John, Martina/u. a., Verkehrsmuseum Dresden, Wilkau-Haßlau 2002, S. 16.

68 Dresdner Journal, 12. Mai 1897.

69 Das Eisenbahnmuseum der Reichsbahndirektion Dresden, in: Dresdner Anzeiger, 8. August 1923.

70 Köpcke 1898, S. 1129.

71 Köpcke 1893 (2).

72 CBV 1896, S. 112.

73 Köpcke 1911, S. 106. – Richard Sarre, der spätere Präsident des Kgl. Eisenbahnzentralamts in Berlin, machte 1896 den Vorschlag zur „Herstellung Köpckescher Sandgleise für Kopfstationen", in: CBV 1896, S. 482 ff.

74 Köpcke 1911, S. 107 u. 122.

75 Paula Erinnerungen I.

76 Raboldt 1970, S. 493.

77 Die Elbbrücke in Riesa, in: DBZ 1877, S. 93 f.

78 Köpcke 1879 (1), S. 12.

79 Föppl, August, Vorschläge für die Konstruktion von eisernen Bogenbrücken, in: DBZ 1875, S. 91 f.

80 DBZ 1875, S. 120 u. 518. – Föppl, Ingenieur und Oberlehrer an der Gewerbeschule Leipzig, sprach 1886 im SIAV über den Köpckeschen Träger, von dem er das System „Träger mit schiefer Auflagerung" abgeleitet habe. Siehe DBZ 1886, S. 274.

81 Köpcke 1879 (1), S. 13.

82 Köpcke 1877 (2). – Libelle = Wasserwaage.

83 DBZ 1878, S. 310.

84 Raboldt 1970, S. 494.

85 Treger, Hubert, Königin Marienhütte, Chronik 1839-2007, Zwickau 2007.

86 Canzler/Hauschild/Neumann 1878, S. 491-495. – Köpcke hielt in der Ingenieurabteilung der Versammlung den Vortrag über „Messung von Bewegungen an Bauwerken", in: DBZ 1878, S. 407.

87 DBZ 1878, S. 526.

88 Herzmansky, Richard, Ueber die Eisen-Construction der neuen Elbebrücke bei Riesa in Sachsen, in: Wochenschrift des österreichischen Ingenieur- und Architekten-Vereins 1880. Nr. 5, S. 94-96.

89 Pressler/Krüger 1887, Sp. 233.

90 Ulbricht 1889, S. 62 f. – Ohlsen, Manfred, der Eisenbahnkönig Bethel Henry Strousberg, eine preußische Gründerkarriere, Berlin 1987, S. 289 f.

91 DBZ 1884, S. 242. – Siehe auch: Pressler/Krüger 1887, Sp. 307 f.

92 Pressler/Krüger 1891, Sp. 341.

93 Pressler, Paul, Die Sekundärbahn: Annaberg-Schwarzenberg, in: Civ 1891, Sp. 321.

94 Köpcke 1885 (1).

95 Mehrtens 1900, S. 66, Abb. 97.

96 Köpcke 1891 (1), Sp. 305 ff.

97 Der Einsturz der mit 3.264 m damals längsten Brücke der Welt über den schottischen Firth of Tay am 28. Dezember 1879 blieb unerwähnt. Der Bau aus schmiedeeisernen Fachwerkträgern auf gusseisernen Pfeilern

brach bei einem Sturm zusammen, als ein Zug die Brücke befuhr. Die Katastrophe kostete 75 Menschen das Leben. Fontane hat sie in einem berühmten Gedicht verarbeitet.

98 Köpcke 1893 (1).

99 SHStA, FM 1736: Akten der Königl. Wasserbaudirection Elbbrücke zu Loschwitz betreffend" 1887–89, S. 145 ff.

100 Mehrtens, Georg, Weitgespannte Strom- und Thalbrücken der Neuzeit, in: CBV 1890, S. 360.

101 Mehrtens 1900, S. 33 u. Abb. 57; Seefehlner, Julius, Die Point-Brücke über den Monongahela-Fluss bei Pittsburgh, in: ZAIVH 1879, Sp. 67 ff., Bl. 771. Ingenieur E. Hemberle – Die Towerbrücke in London weist in den Seitenfeldern Sichelträger auf. Vgl.: Eiselen, Fritz, Die Towerbrücke in London, in: CBV 1894, S. 57 ff., 73 ff.

102 SHStA, FM 1739, S. 149 ff.: Köpckes Bemerkungen vom 1. März 1888.

103 Ebenda.

104 Köpcke 1892 (2).

105 SHStA, FM 1740.

106 Mehrtens, Georg, Ueber die Verwendung des Flußeisens für Bauconstructionen, in: Stahl und Eisen Nr. 14, 1893, 581 ff. – Nach Versuchen, die Mehrtens an kleineren Brücken von 14 bis 18 m Spannweite gemacht hatte, baute er 1893 die Weichselbrücke bei Fordon. Sie war mit 1.325 m die längste Brücke aus Flusseisen im damaligen Deutschland.

107 Bardua, Sven, Brückenmetropole Hamburg, München-Hamburg 2009, S. 88.

108 SHStA, FM 1740: Brief Mehrtens an Köpcke vom 30. Okt. 1888.

109 SHStA, FM 1742, S. 25.

110 Wie Anm. 85, S. 28.

111 Dresdner Anzeiger vom 7. Dez. 1890.

112 SHStA, FM 1743.

113 Die Bronzefigur des Architekten stammt von dem Dresdner Bildhauer Johannes Schilling (1828–1910). Ernst Giese, Professor für Baukunst an der Technischen Hochschule Dresden aus dem Büro Giese & Weidner, hat den Sockel des Denkmals entworfen.

114 Köpcke 1895 (4); siehe auch: Köpcke 1885 (2) u. 1886 (1). – Vgl. Raboldt 1970, S. 495.

115 Köpcke 1893 (1).

116 SHStA, FM 1738.

117 Das Polytechnikum wurde 1890 in Technische Hochschule umbenannt.

118 Mehrtens 1900, S. 34 f.

119 Civ 1892, Sp. 34.

120 Römmler & Jonas in Dresden. Kunstanstalt für Lichtdruck – Voigt, Günter (Hrsg.), Emil Römmler (1842–1941), Lebenserinnerungen eines Königlich-Sächsischen Hofphotographen …, Dresden 1996. – Römmler gilt als Pionier der Postkartenindustrie und der Farbfotografie.

121 SHStA, FM 1744.

122 Köpcke 1898, S. 1133 f.

123 Köpcke 1888 (2).

124 Reihling, in: ZAIVH 1896, Sp. 49 ff., Bl. 1-3; Köpcke 1896.

Ausstellungen – Dienstreisen

Kunst-, Gewerbe- und Industrieausstellungen, Weltausstellungen und auch die regelmäßig stattfindenden Tagungen der Architekten- und Ingenieurvereine, meist mit einer fachspezifischen Ausstellung verbunden, dienten einem Fachpublikum vorzugsweise zum Studium von Innovationen und zum Erfahrungsaustausch. Sie waren unmittelbar mit Köpckes Arbeit verbunden. Der Besuch von Kunstausstellungen war eher sein Privatvergnügen.

Düsseldorf 1880

Über die Gewerbe- und Kunstausstellung 1880 in Düsseldorf, an die sich für ihn zwei Fachtagungen und die Besichtigung von Rheinbrücken anschloss, schreibt Köpcke an Friederike. Seit Jahresbeginn hat sie mit der Geburt von Irene drei Kinder zu betreuen, unterstützt von ihrem Hausmädchen Lina:

„Düsseldorf 15 Sept 80
Liebes Herz!
Soeben habe ich Deinen lieben Brief erhalten und mich herzlich gefreut, so es Euch wohl geht. Schade, dass ich Euch nicht hier habe und namentlich Dir die Herrlichkeiten nicht zeigen kann, welche die wahrhaft schöne und reiche Ausstellung bietet. Ich bin nun durch den zweitägigen Besuch der Ausstellung, wobei ich angenehme Gesellschaft getroffen habe, ganz mit Eindrücken

vollgestopft … Natürlich stehen die Eisenproducte mit Krupps Riesenkanone, welche bei jedem Schuß 400 Pfund Pulver und 1660 Pfund Eisen verbraucht, obenan. Es sind aber auch aus allen anderen Industriegebieten ausgezeichnete Producte massenhaft vorhanden und namentlich Secundärbahnlocomotiven, was Dir nun auch löblich erscheinen wird. Die Fabrik der Maschinen habe ich mit dem Maschinenmeister eingehend besehen und viel Neues erfahren. […]“

Krupps Riesenkanonen waren wohl auf sämtlichen Industrieausstellungen der Zeit zu sehen. Auf der Weltausstellung 1876 in Philadelphia wurden sie als „killing-machines“ bezeichnet, „die da zwischen all dem friedlichen Werk, das die andern Nationen gesandt, wie eine Drohung stehen! Ist das wirklich der Ausdruck von Deutschlands ‚Mission‘?“, hatte Franz Reuleaux, Direktor der Berliner Gewerbeakademie und Jurymitglied, gefragt.[1]

Für den Eisenbahningenieur Köpcke standen natürlich die Sekundärbahnprojekte von Paulsen & Ruppel, Lokomotiven und Zubehör der Aktiengesellschaft Hohenzollern und der Firma van der Zypen & Charlier im Vordergrund, waren doch normalspurige Sekundärbahnen und Sachsens erste Schmalspurbahn von Wilkau nach Kirchberg im Bau.[2] Eine zukunftsträchtige Neuheit für den Brückenbau präsentierte die Firma Dyckerhoff & Widmann: eine Stampfbetonbrücke mit einem

122 Gewerbeausstellung Düsseldorf, Stampfbetonbrücke, 1880

tragenden Betonbogen von 12 Metern Spannweite und einer Stärke von nur 20 Zentimetern (Abb. 122).[3] Die Dekorationselemente in
Renaissanceformen waren eine perfekte Imi-
tation von Naturstein. Der „Zementbeton der
Firma Dyckerhoff" wurde dann unter Köpcke
in Dresden bei mehreren Brücken, darunter
der Eisenbahn-Marienbrücke, verwendet.[4]

Ausstellungsbesuch war aber nicht nur
Dienst, sondern auch Begegnung mit Fachkollegen und Freunden. Der Besuch mit dem
„jungen Ebeling in einem altdeutschen Wein-
hause" gehörte dazu, wie auch der Besuch
der Kunstausstellung.[5]

„Die Kunstausstellung ist außerordentlich
reich beschickt von allen Ecken Deutschlands und natürlich namentlich von den
hiesigen Künstlern. Die ‚Elegie' von Sohl und
unser Günsemann sind auch da. Es sind auch
einige Gemälde und namentlich eins ‚Felicia'
genannt da von Frauen die ‚Nichts anzuzie-
hen' gehabt haben, wie Ebeling von einem
Landbewohner, frei nach Meidinger, gehört
haben wollte. Herrliche Bilder aus Norwegen

von Gude und Andern, Portraits, Landschaf-
ten von Achenbach, der alte Fritz von Cam-
phausen sind mir besonders im Gedächtniß
geblieben.

Theile doch Herrn Rachel mit, daß ich
Klette auf seine Bitte zur Reise nach Wiesbaden Urlaub gegeben habe [...].

Morgen reise ich nach Cöln ab und von
da dann nach Wiesbaden." Und Köpcke fügt
noch hinzu: „[Es] geht alles sehr still zu.
Selbst bei den Gemälden hört man wenig
Bemerkungen. Viele katholische Pastoren.",
und lässt, wie fast immer, die befreundete
Familie des Rechtsanwalts Hippe grüßen.[6]

Köpckes Weiterreise nach Wiesbaden galt der
Abgeordnetenversammlung des Verbands
deutscher Architekten- und Ingenieurvereine, auf der er mit zwei Kollegen den SAIV
mit derzeit 481 Mitgliedern vertrat. Ihr folgte
vom 19. bis 23. September die Generalversammlung. Die Abteilungssitzungen für Inge-
nieurwesen behandelten die Themen: „1) Die
Schiffahrts-Verbindung zwischen Rhein und
Donau. 2) Die Methoden der Eissprengung in
Flüssen. 3) Bedingungen für Herstellung und

123 Rheinbrücke in Koblenz, Linie Koblenz–Lahnstein, um 1900

Betrieb von Sekundärbahnen auf Landstraßen. 4) Der Lokomotivbau für Gebirgsbahnen.“

Vor allem für die sächsischen Eisenbahningenieure sind die beiden letzten Themen hochaktuell. Referent Ernst Buresch, Erbauer der Ocholt-Westerstedter Schmalspurbahn, spricht von 33 Prozent Einsparung bei Verlegung der Gleise in der Straße, allerdings seien die benachbarten Häuser brandgefährdet. In die anschließende Diskussion greift auch Köpcke ein. „Bezüglich der Sekundärbahnen in Sachsen berichtet Hr. Geh. Finanzrath Köpcke-Dresden, dass die Lage der Konsumtions- und Produktionsstätten an den Straßen dort vielfach zur Führung der Bahn auf den Straßen hinweise.“[7] Heftig diskutiert wird die preisgünstige „Hartwich-Schiene“, die mit aussteifenden Querstangen statt der Schwellen für Sekundärbahnen im Straßenplanum, wie bei der Feldabahn, auskommt. Die Gegner des Systems, Funk und Buresch, plädieren jedoch für hölzerne Querschwellen.

Zu den vom Verband gefassten Beschlüssen gehörte die Aufforderung an die Mitglieder, Beobachtungen an eisernen Brücken bis zum 1. April 1881 an den Sächsischen Ingenieur- und Architektenverein zu senden.[8] Am 2. Oktober schreibt Köpcke aus Koblenz: „Gestern abend glücklich hier angekommen bin ich heute mit Schmidt und Göbel auf dem Rheine gewesen wobei uns hiesige Wasserbaubeamte begleiteten. Es wurde ein Dienstdampfer benutzt mit dem wir bis Boppard und zurück fuhren. […] Das Wetter war schön und die Fahrt auf dem großartigen Strome sehr genussreich, die alten Erinnerungen früherer Fahrten leben wieder auf und so kommst Du auch in die Eindrücke mit hinein.

Morgen denke ich nun Beobachtungen an den Brücken anzustellen und dann übermorgen nach Wesel, wie uns gerathen ist zu fahren.“

Zu den Brücken, die er mit dem Dresdner Wasserbaudirektor Schmidt und Wasserbauinspektor Goebel besichtigte, gehörten wohl die Bogenbrücken von Hartwich, die 1864 fertiggestellte Brücke der Linie Kob-

124 Trajektschiff vor der Rheinbrücke Rheinhausen, Linie Mönchen-Gladbach–Duisburg, 1874

lenz–Lahnstein in Koblenz und die auf der Linie Berlin–Metz oberhalb von Koblenz von 1879 (Abb. 123).[9] Die längste Eisenbahnbrücke Deutschlands war die von Funk und Mackensen entworfene, 2 Kilometer lange Brücke der Venlo-Hamburger Bahnstrecke bei Wesel, ein Halbparabelträger mit dreiteiligem Ständerfachwerk über 97 gewölbten Öffnungen.[10] Auf seiner Reise dorthin lag Hartwichs Brücke bei Rheinhausen auf der Linie Mönchen-Gladbach–Duisburg von 1873 (Abb. 124). Nicht weniger eindrucksvoll war die Mainz-Gustavsburger-Eisenbahnbrücke von Heinrich Gerber mit über 106 Meter weit gespannten Linsenträgern, seit 1862 in Betrieb.

Hamburg und Bremen 1890

In ihren Erinnerungen berichtet Paula von einer Reise mit dem Vater „zu einer großen Ingenieurversammlung, die uns nach Hamburg führte; von dort nach Helgoland, an den alten Eider Kanal nach Kiel zu einer Flottenübung. Anschließend daran sahen wir eine große Bauausstellung in Bremen und weiter zeigte mein Vater mir die schöne alte Stadt Hildesheim."[11] Aufnahmen in Köpckes Familienalbum sind vermutlich auf dieser Reise entstanden.

Paula meinte die 9. Wanderversammlung des Verbands deutscher Architekten- und Ingenieurvereine vom 24. bis 30. August 1890 in Hamburg.[12] Das reichhaltige Programm hatte über 920 Teilnehmer und 420 begleitende Damen angelockt, ein überwältigender Erfolg. F. A. Meyer, Oberingenieur in Hamburg und Vorsitzender des dortigen Architekten- und Ingenieurvereins hatte die Tagung mitorganisiert und hielt den einleitenden Vortrag über Hamburg (Abb. 125). Architekt

125 Franz Andreas Meyer (1837–1901)

126 Hamburg, Speicher am Sandtorkai, um 1895

und Ingenieur, hatte Meyer das Bild der Stadt Hamburg nicht nur in der Speicherstadt mitgeprägt, sondern auch mit Entwürfen zu Kandelabern, Brunnen und Denkmälern (Abb. 126). Sie waren in der begleitenden Hochbauausstellung zu sehen.[13] Stadtbesichtigungen führten auch zur Kirche St. Gertrud, für die Köpcke Anfang der 1880er Jahre den Glockenstuhl entworfen hatte.

Die Ingenieurabteilung zeigte „Weitgespannte Strom- und Thalbrücken der Neuzeit", über die Mehrtens referierte.[14] Darin betonte er die Überlegenheit Nordamerikas im Brückenbau seit Mitte des 19. Jahrhunderts, sprach aber auch über das von Köpcke entwickelte System einer versteiften Hängebrücke. Hauptsächlich durch die an den Widerlagern aufgebrachte Zugspannung sei es vielseitig anwendbar, für den Eisenbahnverkehr

jedoch weniger betriebssicher. Der einzige Vorteil sei das geringere Eigengewicht.

Zu den Exkursionen gehörten ein Nordseeausflug mit dem neuen Schnelldampfer „Columbia" der Hamburg-Amerikanischen Packetfahrt-Aktien-Gesellschaft, eine Eisenbahnfahrt nach Kiel „mit Besichtigung großartiger Werftanlagen und einer Fahrt auf der Ostsee, bei welcher sich die deutsche Kriegsflotte den entzückten Blicken darbot."[15] Für die Ingenieure fand am folgenden Tag eine Besichtigung des im Bau befindlichen Nord-Ostsee-Kanals, „unseres grössten nationalen Monuments" statt.

Die „Columbia" wurde nur noch von der im selben Jahr vom Stapel gelaufenen „Fürst Bismarck" an Größe übertroffen. Sie war der vierte Doppelschrauben-Schnelldampfer

127 Ludwig Franzius (1832–1903)

das Publikum in Bremen die Ausstellung des Arch.- u. Ing.-Vereins fleißiger besucht, als dieses sonst mit Ausstellungen architektonischer Zeichnungen usw. der Fall zu sein pflegt. Allerdings bietet sie unter vielem Interessantem durch die großartigen Modelle der Freihafen und Weser-Korrektionsbauten Dinge, die für Bremens Handel und Wandel von einschneidendster Bedeutung sind. […] sicher ist, dass die Ausstellung der allgemein verständlichen Modelle dem Oberbaudirektor Franzius noch mehr wohlverdiente Anerkennung einbringen wird, als die Bauten selbst, die sich in ihrer Ganzheit dem Ueberblick des Laien entziehen." (Abb. 127)[16] Seit 1888 im Bau, hat das riesige Unternehmen den Wasserbauingenieur weltweit bekannt gemacht.

Die Nordwestdeutsche Gewerbe- und Industrieausstellung in Bremen ging in die Geschichte der Verkehrstechnik ein: Hier war zum ersten Mal in Deutschland eine elektrische Straßenbahn mit einem Stangenstromabnehmer nach amerikanischen Patenten zu sehen. Das war so erfolgreich, dass die Bremer Pferdebahn bald auf elektrischen Betrieb umgestellt wurde. Zahlreiche Städte folgten.

der HAPAG, mit der die Gesellschaft einen wöchentlichen Schnelldienst zwischen den USA und Europa anbot. Die Überfahrt dauerte in der Regel fünf bis sechs Tage, noch 1866 waren es zwei Wochen. Vor allem Auswanderer brachten das große Geschäft, darunter auch Jacob Köpke, der 1902 im Zwischendeck der „Patricia" von Hamburg nach New York auswanderte.

„Vielleicht liegt es an der Nachbarschaft der Kneipe", wird in der DBZ vermutet, „dass

Frankfurt am Main 1891

In Gesellschaft des sächsischen Finanzministers Julius Hans v. Thümmel und des 19-jährigen Otto, der Maschinenbau und Elektrotechnik studierte, reiste Köpcke über München nach Frankfurt zur Internationalen Elektrotechnischen Ausstellung (Abb. 128).[17] Zurück in Dresden schrieb er am 19. August an Friederike, die die Ferien vermutlich mit den Töchtern außerhalb der Stadt verbrachte: „Nun muß ich aber auch noch etwas von meinem Aufenthalt in Frankfurt und München erzählen. Herr v. Thümmel kennt München noch von alter Zeit her und so fanden wir uns um so leichter zurecht namentlich auch in den Restaurationen, von denen die des Hofbräus wahrhaftig großartig ist. [...] Ansonsten haben wir auch viel Schönes gesehen und gehört: die schönen Bauten, die Kunstausstellung, das Theater, in welchem recht gut gespielt und gesungen wurde (am Gärtnerplatz). Leider haben wir die Alpen nicht sehen können.

In Frankfurt drehte sich unser Leben hauptsächlich um die elektrische Ausstellung, wo man ganz gut aufgehoben war. Wir sahen dort auch Hr. Waldow und noch einige Sachsen. Die Beleuchtung war natürlich reichlicher als sie sonst irgendwo künstlich hervorgebracht worden ist, auch konnte man Produkte der Elektrolyse wie z. B. Aluminium und Bronce z. Th. zu allerlei Dingen: Tellerchen, Schmuck, Schlüssel und

128 Elektrotechnische Ausstellung Frankfurt a. M., Plakat, 1891

Schreibzeug verarbeitet sehen. Accumulatoren, die geladen wurden gab es zahlreiche. Namentlich war daneben die Verwendung der Elektrizität als Treibkraft für Nähmaschinen, Drehbänke, Krähne u.s.w. zur Anschauung gebracht. Leider ist die lange Leitung von Lauffen am Neckar her noch in Arbeit und das elektrische Klavier mit constantem Tone ging nicht; wie mir gesagt wurde, soll indeß der Klang etwas schwach sein, weil die Saiten nicht zu weitem Ausschlagen zu bringen sind. Edisons neuer Phonograph den indessen gleichzeitig nur eine beschränkte Zahl mit Schläuchen in den Ohren anhören kann lässt an Kraft und Deutlichkeit nichts zu wünschen übrig. Ein elektrischer Aufzug brachte uns auf einen vielleicht 30 m hohen Thurm mit schöner Aussicht über die

129 Drehstromübertragung Lauffen–Frankfurt, 1891

ganze Stadt und weite Umgegend bis zum Taunus und der Bergstraße. Die nöthige Musik machte die Schiffs-Kapelle eines Kriegsschiffs. Details wird Otto Euch erzählt haben, der jetzt noch ganz voll von seinen Reiseeindrücken ist."[18]

Das zentrale Ereignis der Ausstellung, die Stromübertragung aus dem 175 Kilometer entfernten Lauffen am Neckar, fand erst am 25. August nach Köpckes Abreise statt (Abb. 129). Das Gelände erstrahlte im Schein unzähliger Lampen, ein Wasserfall wurde elektrisch betrieben. Damit war die Überlegenheit des Wechselstroms gegenüber dem Gleichstrom offensichtlich, da er über große Entfernungen transportiert werden konnte. „Das Aufsehen in der ganzen technischen Welt war ungeheuer; aus aller Herren Ländern, vor allem auch aus den Vereinigten Staaten, kamen sachkundige Interessenten, um sich durch den Augenschein von der kaum geglaubten Tatsache zu überzeugen.", schwärmt Georg Siemens in der Geschichte seiner Familie.[19] Anlass zu diesem Experiment war der geplante Bau eines Elektrizitätswerks mit Wechselstromtransformatoren in Frankfurt am Main, das 1894 den Betrieb aufnahm.[20] Der Erfolg wirkte sich auf die Planung der Stromversorgung der Bahnhöfe Dresdens aus.

Weltausstellung Chicago 1893

Höhepunkt seiner Reisen muss für Köpcke der Besuch der „Columbischen Weltausstellung" in Chicago gewesen sein. Anlass war das 400-jährige Jubiläum der Entdeckung Amerikas (Abb. 130). Möglicherweise war es nicht der erste Besuch einer internationalen Ausstellung. War Köpcke schon bei der Pariser Weltausstellung von 1867, über die er berichtet?[21] Oder bei der Wiener Weltausstellung von 1873? Laut Aktennotiz vom 21. August 1873 war ihm ein Betrag von 150 Talern bewilligt worden „zu einer Instructionsreise nach Wien und zum Besuche der dortigen Weltausstellung".[22]

Der Wiener Börsenkrach und eine in Wien ausgebrochene Choleraepidemie haben ihn womöglich davon abgehalten. Außer einem französischen Katalog der Wiener Ausstellung aus Köpckes Besitz, heute im Dresdner Verkehrsmuseum, haben sich keine Nachweise dieser Reise gefunden.[23]

Nach der festlichen Eröffnung der Loschwitz-Blasewitzer Brücke am 15. Juli 1893 reiste Köpcke Anfang August nach Chicago. Nicht nur hatten sächsische Ingenieure zur deutschen Ausstellung beigetragen, sondern es fand auch ein internationaler Ingenieurkongress statt, auf dem Brückenspezialist Mehrtens über „The Use of Mild Steel for Engineering Structures" sprach.[24] Die deut-

130   Weltausstellung Chicago, Amtlicher Katalog, 1893

sche Version erschien unter dem Titel „Ueber die Verwendung des Flusseisens für Baukonstruktionen".[25]

Anfang Mai öffnete die Weltausstellung ihre Pforten. „Noch glaubt man eher sich auf einem ungeheuren Bauplatz, als in einer bereits eröffneten Ausstellung.", notierte der Korrespondent der DBZ am 9. Mai.[26] Mit einer überbauten Fläche von 81 Hektar, dem Vierfachen der Pariser Ausstellung von 1889, übertraf die Chicagoer alle bisherigen. Wahrzeichen war das nach seinem Erbauer benannte Ferris Wheel, ein Riesenrad von 76 Metern Durchmesser, das in seinen 36 Gondeln 1.440 Personen aufnehmen konn-

131 Ferris Wheel, 1893

132 „Die weiße Stadt", 1893

te (Abb. 131). Das Hauptgebäude, das Manufactures and Liberal Arts Building, übertraf, wenn auch nur geringfügig, mit seinem Mittelschiff von etwa 112 mal 385 Metern Länge und 63 Metern Höhe die Halles des Machines von 1889. Es war somit der größte mit einem Dreigelenkbogen stützenfrei überspannte Raum seiner Zeit. Aber im Gegensatz zur Pariser Maschinenhalle, bei der Konstruktion und Form eine Einheit bildeten, erschienen die Ausstellungsgebäude in Chicago fast ausschließlich in historisierender Verkleidung (Abb. 132).

Am 20. November berichtete Köpcke dem Dresdner Zweigverein des SIAV über seine Reiseerlebnisse mit Plänen, Fotografien und Zeitschriften. Von der Ausstellungsarchitektur zeigte er sich beeindruckt: „Die Ausstellung bildete einen Komplex ganz prächtiger Gebäude und herrlicher Anlagen, wie sie wohl noch nirgends auf der Welt in so harmonischer Anordnung zu sehen gewesen sind. Die Vergänglichkeit des gewählten Baumateriales trat beim Beschauen dieser

Gebäude vollständig zurück; man sah die Stilformen, an deren Hochachtung man von Jugend an gewöhnt ist; grosse Giebel, Säulen- und Bogenstellungen in prachtvoller Ausführung. Der Hauptarchitekt der Ausstellung, Burnham, hatte erst die Absicht, einen Wettbewerb auszuschreiben. Später sah er davon ab und suchte die hervorragendsten Architekten des Landes heraus, mit denen er zusammen das gelungene Werk dann schuf. Das Ganze ist einheitlich und harmonisch durchgeführt; die Hauptsimse liegen bei den einzelnen Hauptgebäuden in nahezu gleicher Höhe, wodurch die Zusammengehörigkeit derselben angenehm in Erscheinung tritt."[27] Der wohl einzige Bau in zukunftsweisenden Formen war das ausnahmsweise in rötlichem Ton gehaltene Transportation Building von Adler & Sullivan (Abb. 133).

Die deutsche Ingenieurausstellung war auf den Galerien des Transportation Building untergebracht (Abb. 134). Köpcke ging nicht darauf ein, da das Fachpublikum sie durch eigene Anschauung und Veröffentli-

142

133 Transportation Building, 1893

134 Transportation Building, Ausstellung des sächsischen Finanzministeriums auf der Galerie, 1893

chungen bereits kannte. In der DBZ war zu lesen: „Unter den deutschen Bundesstaaten haben ausser Preussen die Ministerien von Bayern und Sachsen ausgestellt. In der wenig umfangreichen bayerischen Ausstellung interessiren nur einige Pläne und Modelle der Isarkorrektion, während Sachsen eine ziemlich grosse Sammlung von Zeichnungen aus verschiedenen Gebieten des Ingenieur-Bauwesens bringt. Wir bemerken unter anderem mehrere Reliefkarten einzelner Theile Sachsens, mehrere Pläne von Eisenbahnanlagen in Dresden, sowie von städtischen Bauten in Leipzig und ganz besonders ausführlich und lehrreich verschiedene Zeichnungen, Photographien und sehr gute Modelle von Einzelheiten der Loschwitz-Blasewitzer Elbbrücke.“[28] Im Anschluss an einen Empfang des VDI am 26. August hatte Köpcke die Führung zum Thema Brückenbau übernommen.[29]

In Chicago galt den Hochhäusern, insbesondere dem Monadnock Building und dem Masonic Temple von 1891, beide von Burnham & Root, seine besondere Aufmerksamkeit (Abb. 135 und 136). Das erste steht heute noch und zählt zu den Ikonen moderner Architektur. Das 16-geschossige Büro- und Geschäftshaus, mit 18 Aufzügen erschlossen, bestand aus massivem Mauerwerk. Der Masonic Temple hingegen, ein von einer Freimaurerloge erbautes Bürohaus, hatte ein tragendes brandgeschütztes Stahlskelett. Er galt mit seinen 22 Geschossen als der höchste Wolkenkratzer der Welt. Köpcke ging auch auf die Gebäudekosten ein, die Gründung der Stahlstützen im sumpfigen Untergrund, die Feuersicherheit von Gebäuden, die seit Chicagos verheerendem Brand von 1871 im Vordergrund stand, die Wasserver- und -entsorgung amerikanischer Städte, insbesondere der Millionenstadt Chicago. Er sprach über die Mechanisierung von Baustellen, wo Maschinen, Kräne und Bagger die Handarbeit ablösten.

Es waren die amerikanischen Entwicklungen im Eisenbahnbau, die Elektrifizierung, der Werkzeugbau, die dem Europäer Köpcke neue Erkenntnisse für aktuelle Bauaufgaben

135 Masonic Temple, Chicago, 1901

136 Hochhaus, Teilansicht, 1893

137 Hochbahn, 1893

in Dresden brachten. Er beobachtete das Rangieren von Güterwagen im Tag- und Nachtbetrieb im Bahnhof Altoona bei Pittsburgh, wichtig für den Friedrichsstädter Güterbahnhof. Verschiedene Eisenkonstruktionen, darunter die mit Sichelträgern gebaute Point-Brücke in Pittsburgh, hielt er in Fotografien fest (Abb. 101 und 102).

Als besondere Spezialität der Amerikaner hob Köpcke die städtischen Bahnen, Hochbahnen, Seilbahnen, elektrischen und Pferdebahnen hervor, die neuartige Gasgewinnung in Pennsylvania, Straßenbahnschienen und Eisenbahnoberbau (Abb. 137) Außerdem interessierten ihn eine Steinquetschmaschine und eine Chausseewalze, beide im Detail beschrieben. Er schloss mit der Darstellung eines neuartigen Schienennagels und einer beweglichen Herzstückanlage (zentrales Teil einer Weiche) ab. Großer Beifall folgte auf den „fesselnden" Vortrag.

Im Anschluss teilte Finanzrath von Oër noch mit, „dass der Sächsische Ingenieur- und Architekten-Verein auf der Chicagoer Ausstellung für die bewirkte Ausstellung des ‚Civilingenieur' und der früheren Jahresberichte einen Preis erhalten habe."[30] Der VDI hatte ebenfalls einen Preis für seine Zeitschrift bekommen, und auch die Ausstellung des sächsischen Finanzministeriums war von der internationalen Jury ausgezeichnet worden.[31]

Josef Hallbauer, Direktor der Eisenwerke Lauchhammer, der dem Dresdner Verein zwei Wochen zuvor von der Chicagoer Weltausstellung berichtet hatte, war allerdings zu dem Schluss gekommen, „dass er im Allgemeinen nicht das gefunden hatte, was er erwartete und was für die aufgewendeten Kosten und Anstrengungen entschädigt hätte. Den größten Erfolg hätten jedenfalls die Deutschen, an ihrer Spitze Krupp in Essen, davongetragen."[32] Hallbauer hatte Krupp viele Jahre hauptsächlich in Sachsen und Thüringen vertreten. Seine größte Bewunderung galt dem Versetzen eines Stationsgebäudes der New Yorker Zentralbahn von 54 x 9,15 Metern mitsamt 25,50 Meter hohem Turm um 15 Meter. An Kritik der Ausstellung war dem Beamten Köpcke wohl nicht gelegen, denn er hatte seine Werke einem internationalen Publikum vorstellen können.

1 Reuleaux, Franz, Briefe aus Philadelphia 1877, zit. nach: Packeis und Pressglas, (Ausstellungskatalog) Berlin 1987, S. 70.

2 Die Gewerbe- und Kunst-Ausstelllung zu Düsseldorf, in: DBZ 1880, S. 360.

3 DBZ 1880, S. 387.

4 ZVDI 1898, S. 1134.

5 Brief vom 15. Sept. 1880.

6 Gustav Heinrich Rachel, Schüler von Schubert, war seit 1875 Köpckes Kollege am Finanzministerium und Mitglied der Prüfungskommission für Ingenieure. Mit dem von 1845 bis 1848 errichteten Viadukt über das Obercunnersdorfer Tal hatte er sich als Brückenbauer in Sachsen einen Namen gemacht. Ein „R" im Schlussstein eines Brückenbogens erinnert an den Erbauer. – Siehe auch: Rachel, Paul Moritz, Altdresdner Familienleben in der Biedermeierzeit, Dresden 1915, S. 117 ff.

7 DBZ 1880, Nr. 55, S. 429 f.

8 DBZ 1880, S. 418, 463.

9 Mehrtens 1900, S. 26 f.

10 Mehrtens 1900, S. 61. – Seit 1867 war Funk mit dem Bau der Strecke Wesel–Harburg beschäftigt.

11 Paula Erinnerungen I.

12 DBZ 1890, S. 260.

13 DBZ 1890, S. 463.

14 CBV 1890, S. 357-360, 366-370, 376-378, 383-384, 391-392.

15 Civ 1891, Sp. 71.

16 DBZ 1890, S. 373 f.

17 Der Jurist Julius Hans von Thümmel war ab 1890 sächsischer Finanzminister.

18 Brief vom 14. Aug. 1891.

19 Siemens, Georg, Der Weg der Elektrotechnik. Geschichte des Hauses Siemens. Freiburg/München 1961, Bd. 1, Die Zeit der freien Unternehmung 1847–1910, S. 148.

20 Rödel 1983, S. 148 f.

21 ZAIVH 1868, Sp. 11. In Civ. 1877, Sp. 381, bezieht sich Köpcke wiederum auf die Pariser Ausstellung.

22 SHStA, FM 4235, S. 47: Resolution vom 21. Aug. 1873.

23 L'exposition universelle à Vienne, Paris 1873.

24 Transactions of the American Society of Civil Engineers 1893.

25 Stahl und Eisen, Nr. 14 u. 15, 1893, S. 581 ff. u. 631 ff.

26 Wattmann, J., Briefe von der Columbischen Ausstellung, in: DBZ 1893, S. 282.

27 Köpcke 1894, Sp. 206. – Siehe dazu: Tafuri, Manfredo/Dal Co, Francesco, Klassische Moderne, in: Weltgeschichte der Architektur, Stuttgart 1988[2], S. 39 ff.

28 Wattmann in: DBZ 1893, S.494 f. – Ein Übersichtplan der neuen Dresdner Bahnhofsanlagen war zur Weltausstellung in den „Transactions of the American Society of Civil Engineers" 1893, Bd. 30, S. 450, veröffentlicht worden. – Siehe auch: Hillger, Hermann (Hrsg.), Amerika und die Columbische Weltausstellung, Chicago 1893; Amtlicher Bericht über die Weltausstellung in Chicago 1893, Berlin 1894; Columbische Weltausstellung in Chicago. Amtlicher Katalog der Ausstellung des Deutschen Reiches.

29 ZVDI 1893, S. 1204.

30 Civ 1894, Sp. 207. – Alexander Freiherr von Oër war von 1894 bis 1896 Professor für Eisenbahnbau an der TH Dresden.

31 Hillger, Hermann (Hrsg.), Amerika und die Columbische Weltausstellung, Chicago 1893. Geschichte und Beschreibung, Chicago 1893, S. 356 ff.

32 Civ 1894, Sp. 202.

Gutachten für eine Schwebebahn

Köpckes Glaube an die Machbarkeit von Ideen zeigt sich wiederum bei seinem Einsatz für ein neues Verkehrsmittel, die Schwebebahn. Die erste elektrische Hochbahn hatte er auf der Weltausstellung in Chicago erlebt. Seit 1893 lief die erste elektrische Straßenbahn in Dresden. Auf die Gefahren wies Köpcke eindringlich hin, die eine etwa doppelt so hohe Geschwindigkeit von 29 Stundenkilometern im Vergleich zu Pferdefuhrwerken für den Menschen im Straßenverkehr bedeutete. Deshalb setzte er sich für ein Hoch- oder Tieferlegen der Straßenbahngleise ein, wie es „Berlin und London und in etwas geringerem Masse – wegen der Verunstaltung der Strassen – die Hochbahnen von New York" vorgemacht hatten.[1] Die Schwebebahn bot eine weitere Möglichkeit, die verschiedenen Verkehrsebenen zu trennen.

Seit 1893 erprobte der Kölner Ingenieur, Erfinder und Unternehmer Eugen Langen eine zweischienige Schwebebahn auf einer Versuchsstrecke in Köln-Deutz. Ein Jahr später ließ er sie von „unabhängigen Spezialisten" überprüfen.[2] Dem Gremium gehörten an: Köpcke, Adolph Goering, seit 1879 Professor für Eisenbahn- und Tunnelbau an der Berliner Technischen Hochschule, und August von Borries von der Eisenbahndirektion in Hannover.

Köpckes Mitarbeit beruhte möglicherweise darauf, dass Langen im April 1894 dem Gene-

Hochliegende

Stadtbahn Elberfeld-Barmen

über der Wupper

mit elektrischem Betriebe.

1894.

Begutachtung

der beiden zur Zeit vorliegenden Entwürfe:

Standbahn (Siemens & Halske).

Schwebebahn (Eugen Langen).

Aufgestellt

Berlin, 22. September 1894,

durch

Köpke, Geheimer Rath im Kgl. Sächsischen Finanzministerium zu Dresden.
v. Borries, Regierungs- u. Baurath bei der Kgl. Eisenbahndirektion zu Hannover.
A. Goering, Professor an der Kgl. Techn. Hochschule zu Berlin.

138 Gutachten, 22.9.1894

raldirektor der Elbschifffahrtsgesellschaft einen Plan für eine Schwebebahn in Dresden hatte zukommen lassen.[3] Das Gutachten „Hochliegende Stadtbahn Elberfeld-Barmen über die Wupper mit elektrischem Betriebe, Begutachtung der Standbahn (Siemens & Halske) und der Schwebebahn (Eugen Langen)" vom 22. September 1894 verweist auf die wirtschaftlichen und technischen Vor-

139 Köpcke (vorn, 2.v.l.) bei der Begutachtung der Probestrecke, 13.3.1899

teile der Schwebebahn, besonders im engen Tal der Wupper (Abb. 138). Für das geplante zweischienige System wird vehement die Schmalspur empfohlen, was wohl auf Köpcke zurückzuführen ist. Vorteile ergäben sich auch für die Industrie, die mit Gleisanschlüssen die Bahn für den Gütertransport mitbenutzen könnte. Das hatte sich in Sachsen, Mülhausen im Elsass und Forst in der Lausitz gezeigt, über die Köpcke berichtet hatte.[4] Das Umladen von Waren mit den bekannten Hilfsmitteln von Normal- auf Schmalspur und umgekehrt sei möglich. Zudem sei eine Schwebebahn nicht hochwassergefährdet und billiger als eine Standbahn.

Im Dezember beschlossen die beteiligten Städte den Bau der zweischienigen Anlage. Die Continentale Gesellschaft für elektrische Unternehmungen, die Langens Patentrech-

te von 1895 erworben hatte, entschied sich jedoch für die einschienige Variante, vor allem wegen ihrer besseren fahrdynamischen Eigenschaften. 1898 begann die MAN – Maschinenfabrik Augsburg-Nürnberg – als Generalunternehmer mit dem Aufstellen ihrer patentierten vorgefertigten Tragwerkskonstruktion. Nach einem Jahr Bauzeit war Köpcke zur Begutachtung des Wagenprototyps B der Baureihe 1889 auf der Elberfelder Teilstrecke vor Ort (Abb. 139).[5] Die positiven Erfahrungen mit dem neuen Verkehrsmittel überzeugten wohl auch die sächsische Regierung, die im Juli desselben Jahres den Bau einer Bergschwebebahn in Dresden-Loschwitz nach dem System von Eugen Langen genehmigte.

Die erste Teilstrecke der Wuppertaler Schwebebahn wurde am 1. März 1901 dem öffentli-

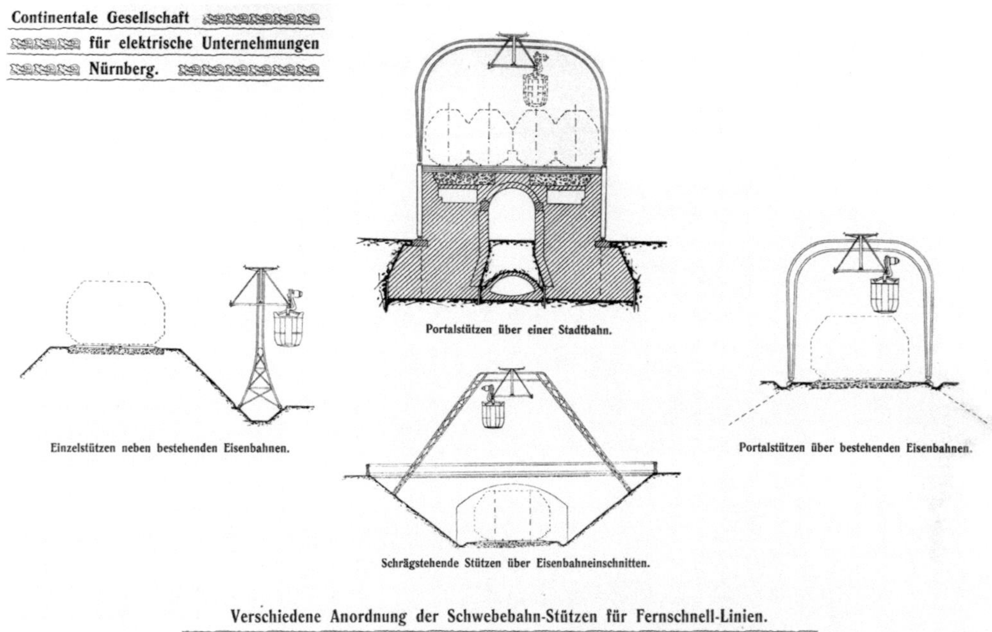

140 Zeichnungen zum Gutachten, Mai 1902

chen Verkehr übergeben, die gesamte Strecke von 13,3 Kilometern zwei Jahre später. Kurz vor ihrer Vollendung waren Köpcke, Goering und v. Borries mit einem weiteren Gutachten beauftragt worden, das im Mai 1902 vorlag.[6] Nach einer Probefahrt bestätigten die Autoren nicht nur die überzeugenden Fahreigenschaften des einschienigen Systems, sondern empfahlen es besonders für den Fernschnellbahnverkehr (Abb. 140). Mit Kurvenradien bis 500 Metern, die bei Standbahnen 90 Stundenkilometer zuließen, könnten Geschwindigkeiten bis zu 200 Stundenkilometern erreicht werden! Schwebebahnprojekte gab es auch für Hamburg, Berlin, London und Wien, sie scheiterten aber vor allem an technischen und ästhetischen Bedenken.[7]

Das galt nicht für Loschwitz: Mit der Fertigstellung des „Blauen Wunders" 1893 wurden die Loschwitzer Höhen als Bauland wichtig. Ab 1895 fuhr die dampfbetriebene Standseilbahn, die Grundstückspreise schnellten in die Höhe. Auf Initiative eines Privatmanns kam es zum Bau einer zweiten Verkehrsanbindung, der Bergschwebebahn, wobei er sein billig erworbenes Waldland nun als Bauland teuer verkaufen konnte.[8] Nach knapp dreijähriger Bauzeit wurde die einschienige Schwebebahn am 6. Mai 1901 eingeweiht. Sie hätte die erste Schwebebahn überhaupt werden können, aber die Genehmigungen trafen nicht rechtzeitig ein.

Ursprünglich für elektrischen Betrieb vorgesehen, wurde sie vorerst mit zwei Dampfmaschinen in der Bergstation bewegt, deren burgartige Anlage die Schornsteine versteckte. Auf einer Strecke von 273,80 Metern überwindet die Bahn innerhalb von drei Minuten

141 Bergschwebebahn in Dresden-Loschwitz, 1903

einen Höhenunterschied von 84,20 Metern. Das von der MAN gelieferte Traggerüst besteht aus 32 Pendelstützen und einer Feststütze, die maximale Höhe über Grund ist 15 Meter. Die Trasse war geradlinig geplant, aber da das Grundstück Pillnitzer Landstraße 3 nicht erworben werden konnte, musste eine Kurve eingebaut werden. Die Loschwitzer Bergschwebebahn blieb die einzige Bahn dieser Art auf der Welt (Abb. 141).

1 Köpcke 1895 (1), Sp. 105.

2 Schierk, Hans F., Die Schwebebahn – Einmaliges Verkehrsmittel – Technisches Denkmal, in: Die nützlichen Künste, (Ausstellungskatalog) Berlin 1981, S. 214 ff.

3 Becker, Horst, Die Wuppertaler Schwebebahn in der Bau-, Wirtschafts- und Sozialgeschichte des 19. Jahrhunderts …, (Diss.) Aachen 1980, S. 180.

4 Köpcke 1892 (1) u. 1897 (1).

5 Dewitz, Bodo von/Heufelder, Jochen (Hrsg.), Unter Schienen schweben. Photographien vom Bau der Schwebebahn in Wuppertal vor 100 Jahren, (Ausstellungskatalog) Göttingen 1999, S. 63.

6 Köpcke 1902 (siehe Werkverzeichnis).

7 DBZ 1895, S. 62 ff, CBV 1895, S. 115 f.

8 Hentschel, Hansjoachim, Die erste Bergschwebebahn der Welt (Dresdner Verkehrsbetriebe AG Hrsg.), Dresden 1991, S. 5 ff. – Die Bergschwebebahn zu Loschwitz bei Dresden, in: Deutsche Straßen- und Kleinbahnzeitung 1906, S. 671 f.

Glockenstühle

„Im Jahre 1810 fiel der Glockenthurm der Nicolaikirche in Liverpool bei dem Läuten auf das Kirchdach, während die Gemeine zum Gottesdienst versammelt war, wobei 23 Menschen erschlagen wurden.", schreibt Heinrich Otte in seiner 1858 erschienenen „Glockenkunde", um auf die Gefahr der Schwingungen beim Läuten großer Glocken hinzuweisen. Köpcke nennt in seinem Beitrag „Glockenstühle" Ottes Schrift als erste deutsche unter zahlreichen französischen und englischen Abhandlungen.[1] Das Thema war für Köpcke nicht neu. Ludwig Debo, seit 1851 Lehrer für Baukunst am Polytechnikum in Hannover, hatte Glockenstühle im Unterricht unter dem Thema „Arbeiten des Zimmermanns" behandelt.[2] Mit eisernen Konstruktionen hatte man bisher wenig Erfahrung.

Otte empfahl Glockenstühle aus Eiche, was hohe Zimmermannkunst verlange.[3] Demgegenüber hat eine Eisenkonstruktion einige Vorteile. So hatte der 1859 vollendete 96,30 Meter hohe Uhrturm des Londoner Parlamentsgebäudes einen Glockenstuhl aus Gusseisenprofilen, an dem fünf Glocken fest aufgehängt waren. Die schwerste, „Big Ben", die dem Turm seinen Namen gab, wog 13,7 Tonnen. Dass sie zwei Monate später riss, lag aber nicht am Glockenstuhl sondern wohl am zu schweren Hammer.

Eine erste Gelegenheit, auf Entwurf und Ausführung eines Glockenstuhls einzuwirken,

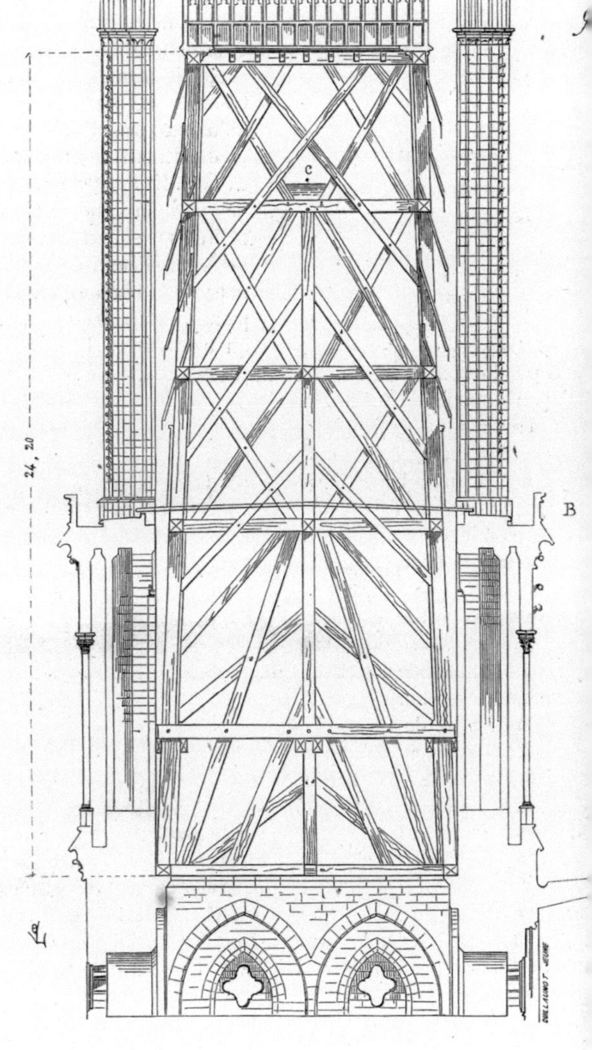

142 Hölzerner Glockenstuhl in Notre Dame, Paris, von Viollet-le-Duc, o. J.

bot sich Köpcke 1864 beim Bau der neugotischen Christuskirche in Hannover. Dabei nahm er außergewöhnlich hohe Glockenstühle aus Holz in St. Stephan in Wien, in der Thomas-Kirche in Leipzig und in Notre Dame in Paris zum Vorbild. Der für seine Restaurierungen, Rekonstruktionen und wissenschaftlichen Arbeiten bekannte französische Architekt Eugène Emmanuel Viollet-le-Duc hatte in den 1850er Jahren den 24 Meter hohen Glockenstuhl im Südturm von Notre Dame in Holz ausführen lassen (Abb. 142).[4] Auf Köpckes Rat ließ Architekt Hase bei der hannoverschen Christuskirche eine verbesserte Konstruktion, ebenfalls in Holz, ausführen mit „Ecksäulen, die nach Art amerikanischer Fachwerkbrücken (nach Long'schem System) miteinander verstrebt sind" (Abb. 143).[5] Seine Überlegungen zu Schwingungen im Brückenbau überträgt Köpcke hier auf die nicht unähnlichen bei Glockenstühlen.

„Haben sich eiserne Glockenstühle bewährt und wo ist etwas darüber veröffentlicht?", stand auf dem Programm der Hauptversammlung des Architekten-Vereins Berlin am 3. August 1867. Die Frage war nicht nur für Architekt August Orth aktuell, der 1866–1873 die Zionskirche in Berlin baute. Zahlreiche neue Kirchen wurden von Hase, Orth und Otzen, die zu den bekanntesten Kirchenarchitekten der Zeit gehören, in den wachsenden Städten errichtet. Orth kommt zu dem Schluss, dass trotz mangelnder Veröf-

143   Christuskirche, Hannover, 1864

fentlichungen, Glockenstühle aus Eisen wohl zu empfehlen seien.[6] Die patentierte Glockenaufhängung von Ritter in Trier erscheint ihm besonders geeignet.[7] Für die Zionskirche lässt Orth den geplanten hölzernen Glockenstuhl durch einen eisernen nach Angaben der Glockengießerei Große in Dresden ersetzen. Auf Wunsch der Gemeinde werden nach dem Patent von Große auch die Glocken aufgehängt.

Köpcke wird die aufgeführten Beispiele aus eigener Anschauung gekannt haben, als er um 1869 für das neue Geläute der Katharinenkirche in Osnabrück herangezogen wurde. Turmspitze und Inneres des Kirchturms waren im Juni 1868 bei Reparaturarbeiten abgebrannt. Am 19. November 1871 berich-

144 Rudolf Stüve (1828–1896)

145 Katharinenkirche, Osnabrück, 1882

tet er in der Versammlung des SAIV über seinen ersten in Schmiedeeisen ausgeführten Glockenstuhl. Die Restaurierung der Kirche erfolgte „nach den Plänen des Herrn Bauinspektors Stüve in Berlin, auf dessen Veranlassung Skizzen und Berechnung des Gebälkes vom Unterzeichneten angefertigt worden ist." (Abb. 144–147)[8]

Dazu legte Köpcke ausführliche Berechnungen der beim Läuten auftretenden relativ hohen Kräfte bei der üblichen Aufhängung an der Glockenkrone und der geringeren Kräfte bei tiefer gelegter Schwingungsachse nach den Patenten von Ritter und Pozdech vor.

Man entschied sich jedoch für die übliche Aufhängung, da das 2 bis 2,50 Meter starke Mauerwerk des mittelalterlichen Turms für ausreichend befunden wurde, die Kräfte aufzunehmen. Stüve führt in seinem Bericht noch eine zusätzliche Begründung an: „[…] weil bei ihr die Schwingungen der Glocken größer sind, das Anschlagen der Klöppel daher mit größerer Geschwindigkeit geschieht und also ein vollerer und größerer Ton erzeugt wird, als es bei der Pozdech'schen Methode der Aufhängung möglich ist, obwohl bei der ersteren zum Nachteile der Konstruktion die dreifache Last zur Berechnung zu bringen war."[9] Der Glockenstuhl aus vernieteten Schmiedeeisenträgern erhielt vier Glocken in waagrechter Anordnung. Auch das Dach-

153

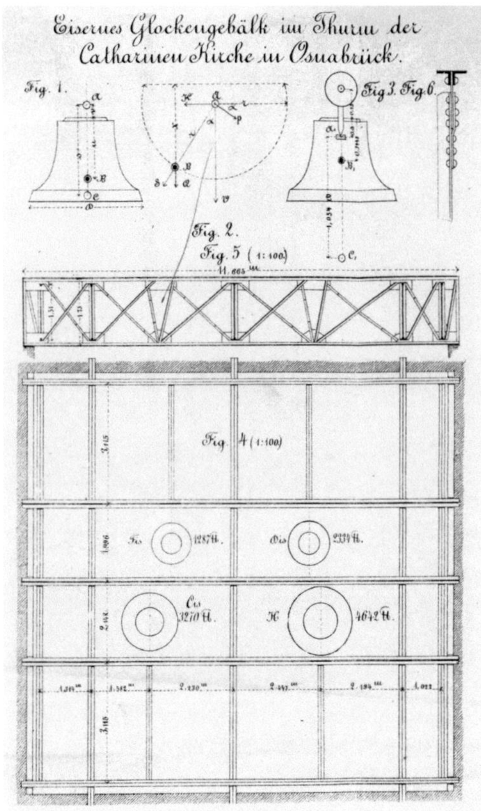

146 Glockenstuhl der Katharinenkirche, 1871

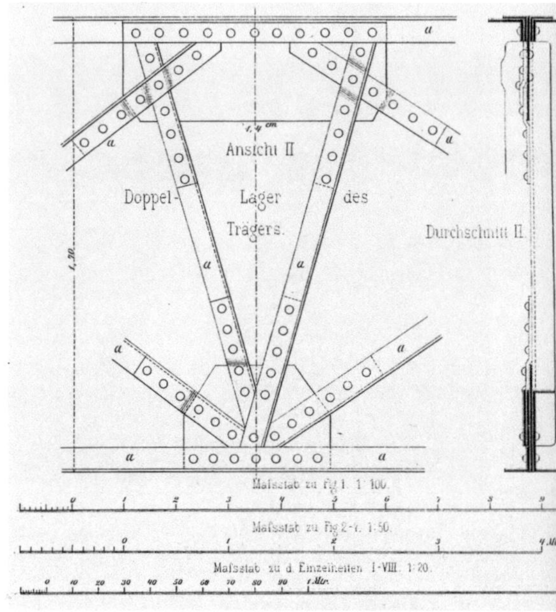

147 Details des Glockenstuhls der Katharinenkirche, 1882

werk der Turmspitze mit einer Höhe von 50 Metern wurde wegen der einfacheren Herstellung und Montage in Schmiedeeisen ausgeführt. Die Arbeiten kamen erst 1880 zum Abschluss.

Köpcke entwarf ebenfalls den Glockenstuhl der Kirche in Melle-Neuenkirchen bei Osnabrück, der 1876 aufgestellt wurde (Abb. 148). Drei Jahre später legt er in einem Vortrag im SIAV Rechenschaft über die von ihm entworfene Konstruktion ab, die sich als „vollkommen fest" erwiesen habe.[10] 1884 veröffentlicht Köpcke eine Abhandlung über Glocken-

stühle mit Zeichnungen und Berechnungen im „Handbuch der Architektur", dem noch zwei weitere Auflagen folgen (Abb. 149). Lobend erwähnt Köpcke seinen Mitarbeiter Otto Klette, der ihn auch hier bei den theoretischen Untersuchungen unterstützt habe.[11]

Dieser Aufsatz ist eine wichtige Quelle für seine weitere Tätigkeit auf diesem Gebiet. In kurzen Abständen entwarf Köpcke die Glockenstühle der Jakobikirche in Kiel, 1882–1886, der Gertrudenkirche in Hamburg, 1882–1886, und der Heilig-Kreuz-Kirche in Berlin, 1884–1888, sämtlich Bauten

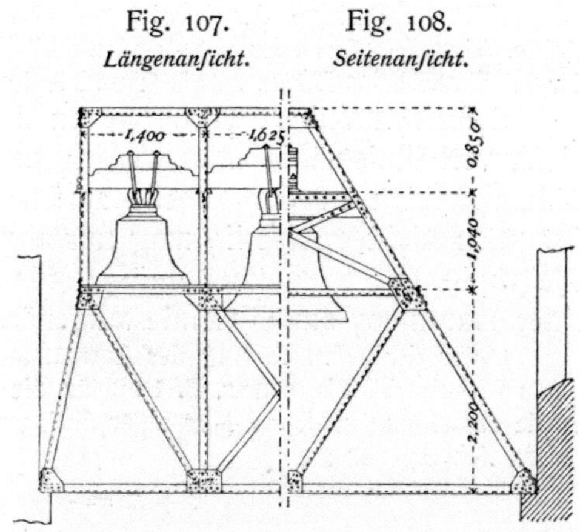

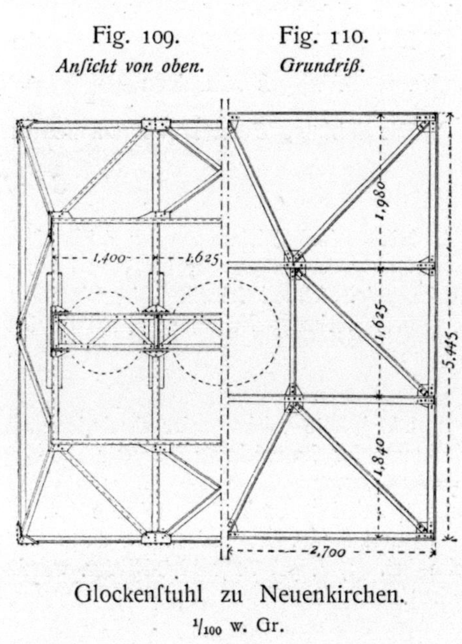

148 Glockenstuhl, (Melle-)Neuenkirchen, 1884

149 Titelblatt zum Handbuch der Architektur, 1904

nach Entwürfen des Hase-Schülers Johannes Otzen (Abb. 150–153).

Otzen hatte 1882 den Wettbewerb für die Gertrudenkirche gewonnen. Hase und F. A. Meyer waren unter den Preisrichtern. War Köpcke als Spezialist für Glockenstühle bekannt, oder hatte Hase ihn weiterempfohlen? Für den Glockenstuhl im schlanken, 88 Meter hohen Turm empfiehlt Köpcke „eine der bei eisernen Viaduktpfeilern gebräuchlichen Anordnungen".[12]

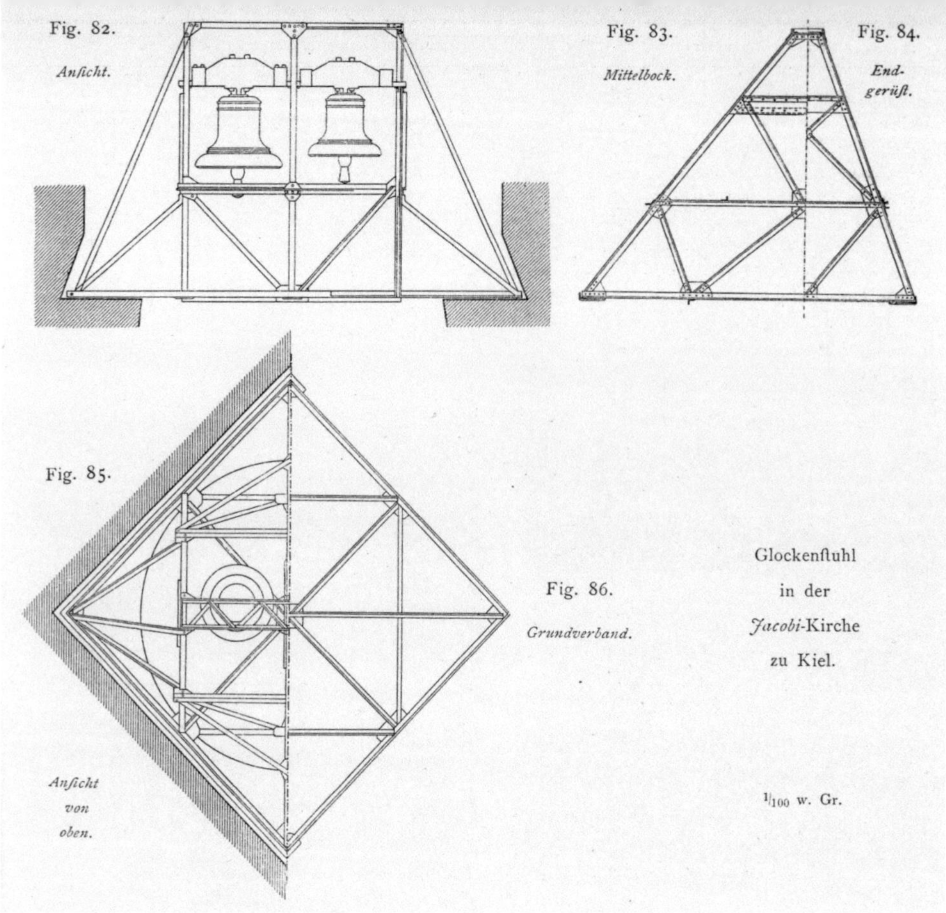

150 Glockenstuhl der Jakobikirche, Kiel, 1891

151 Längsschnitt durch die Heilig-Kreuz-Kirche, Berlin, 1889

152 Gertrudenkirche, Hamburg, 1887

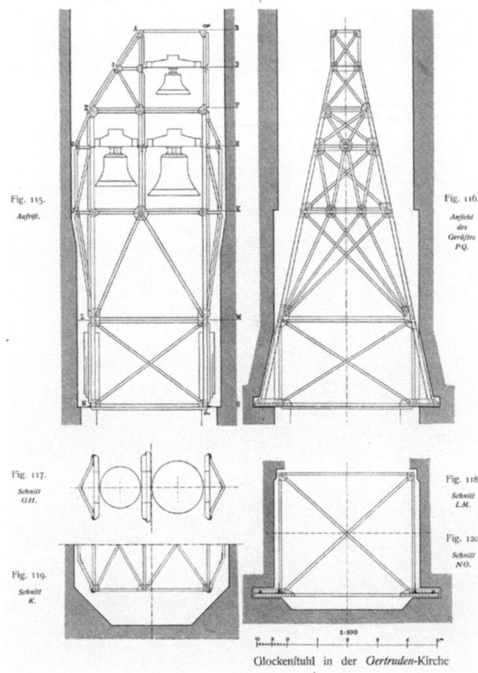

153 Glockenstuhl der Gertrudenkirche, 1891

Als Beispiel einer damals üblichen Konstruktion führt der Autor den Glockenstuhl der heute zerstörten Johanniskirche in Dresden an.[13] Die Glockengießerei Große in Dresden hatte ihn geliefert, jedoch mit Schraubenbolzen. Köpcke hält dagegen: „Dass übrigens die Vernietung allein geeignet ist, die größtmögliche Festigkeit der Verbindungen und damit für die Erhaltung der Kirchtürme so wünschenswerte Steifigkeit der Glockenstühle dauernd sicher zu stellen, dürfte wohl nicht zu bestreiten und daher die Anwendung von Nieten […] ungeachtet der etwas höheren Kosten dringend zu befürworten sein."[14]

Familie Köpcke gehörte der 1889 gegründeten Dresdner Lukasgemeinde an, die in Erwartung eines Neubaus eine Interimskirche in der Winckelmannstraße nutzte, wo die Familie Bankplätze gemietet hatte.[15]

1890 wurde ein Wettbewerb ausgeschrieben, zu dem 80 Entwürfe eingingen.[16] Im Mai 1891 war er entschieden, wiederum war Hase unter den Preisrichtern. Die zwei ersten gleichwertigen Preise von je 3.000 Mark gingen an die Architekten Arno Eugen Fritsche aus dem Berliner Büro von Johannes Otzen und Georg Weidenbach aus Leipzig, der auch den Auftrag erhielt. Die Kirche wurde jedoch nach einem vollständig neuen Entwurf im Stil der Neorenaissance ausgeführt (Abb. 154).[17] Erst 1899 fand die Grundsteinlegung statt, nachdem das abschüssige Gelände bis zu 6 Metern aufgeschüttet worden war.

154 Lukaskirche, Dresden, Postkarte, um 1905

1904 erschien Köpckes erweiterter Beitrag über „Glockenstühle" in der dritten Auflage im „Handbuch der Architektur". Ausführlich behandelt er den letzten von ihm entworfenen: „Ein ähnlicher Stuhl [wie der Hamburger] [...] ist im Turm der von Weidenbach gebauten Lukaskirche in Dresden errichtet. Darin hängt das nach dem Vorschlage des Verfassers (D.R.P. Nr. 105 250) mit Federn zur Beschleunigung des Schwingens und Sicherung eines richtigen Anschlagens des Klöppels versehene [...] Geläute. Dieser im Jahre 1902 aufgestellte, nach dem Entwurfe des Verfassers konstruierte Glockenstuhl trägt 4 Glocken von 4829, 3060, 1420 u. 130 kg Gewicht = 9439 kg und ist aus gleichschenkeligen Winkeleisen zusammengesetzt [...]." (Abb. 155–159).[18] Weitere Unterlagen, z.B.

über die Auftragsvergabe an Köpcke oder Bauzeichnungen, fehlen bisher.

Außer Zeichnungen in der Patentschrift vom 25. Februar 1898 ist ein privates Foto der Versuchsanordnung in verkleinertem Maßstab überliefert (Abb. 160). Die Glocke, mit einem unteren Durchmesser von 30 Zentimetern, könnte aus der Glocken- und Kunstgießerei von Albert Clemens Bierling stammen, der Glockenstuhl und Geläut der Lukaskirche ausführen sollte.[19] Bierling lieferte hunderte von Glocken sogar bis nach Schweden und Südamerika. 1894 erhielt er ein Patent für „Glockenlagerung mit ebener Wälzungsbahn", dem, gemeinsam mit Köpcke, 1907 ein Patent für eine „Glocke, deren Klöppel mit einem Gegengewicht versehen ist",

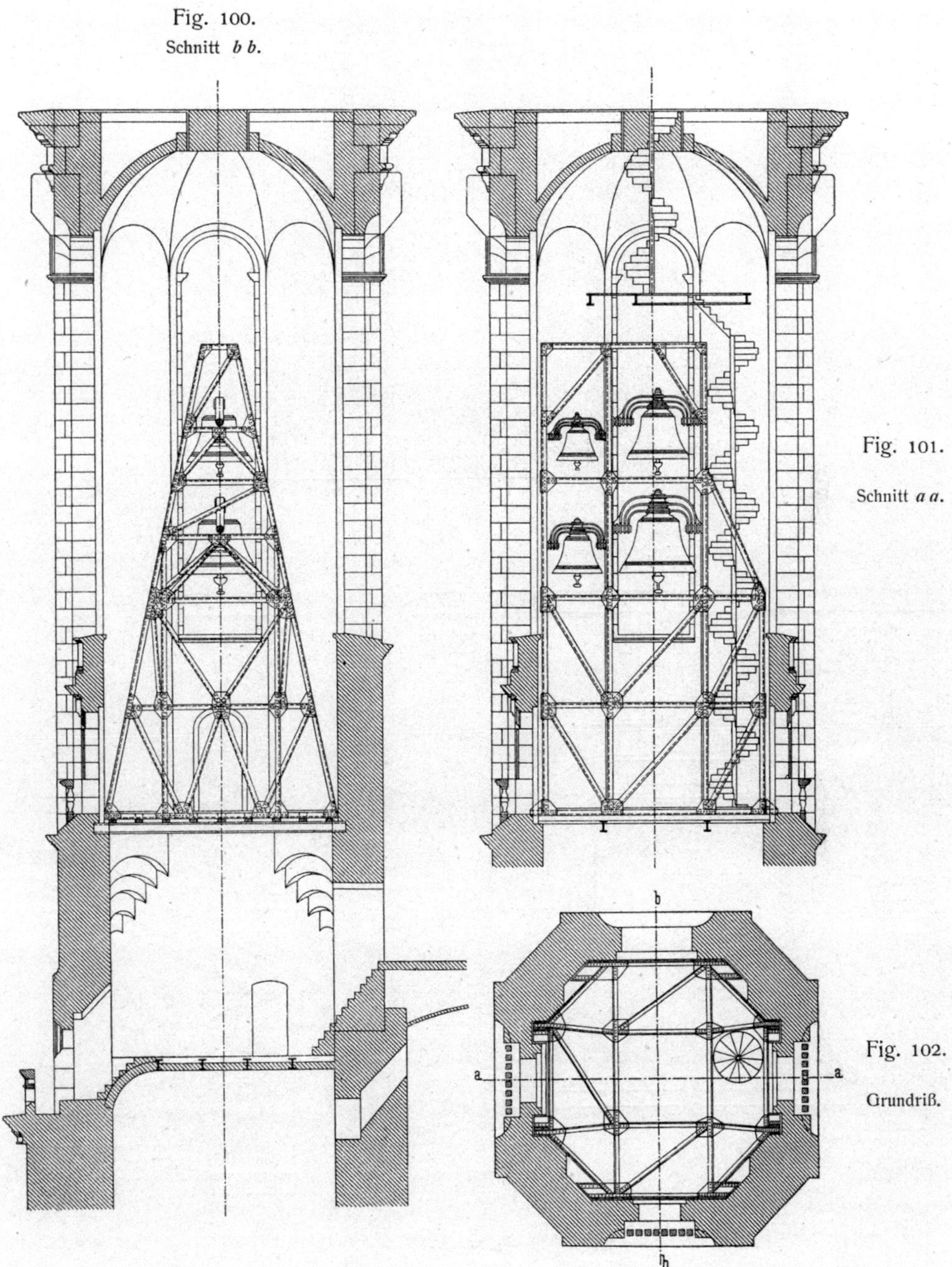

155   Glockenstuhl der Lukaskirche, 1904

156   Geläute der Lukaskirche, 1904

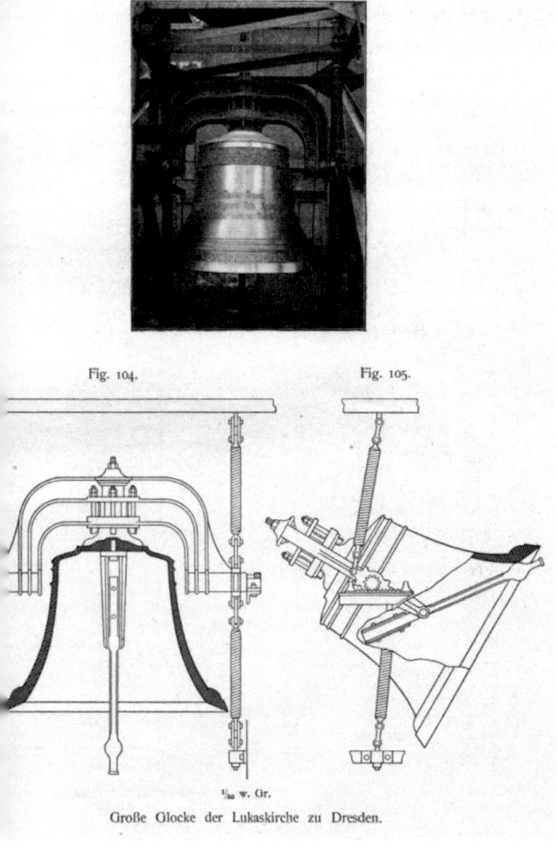

157   Große Glocke der Lukaskirche, 1904

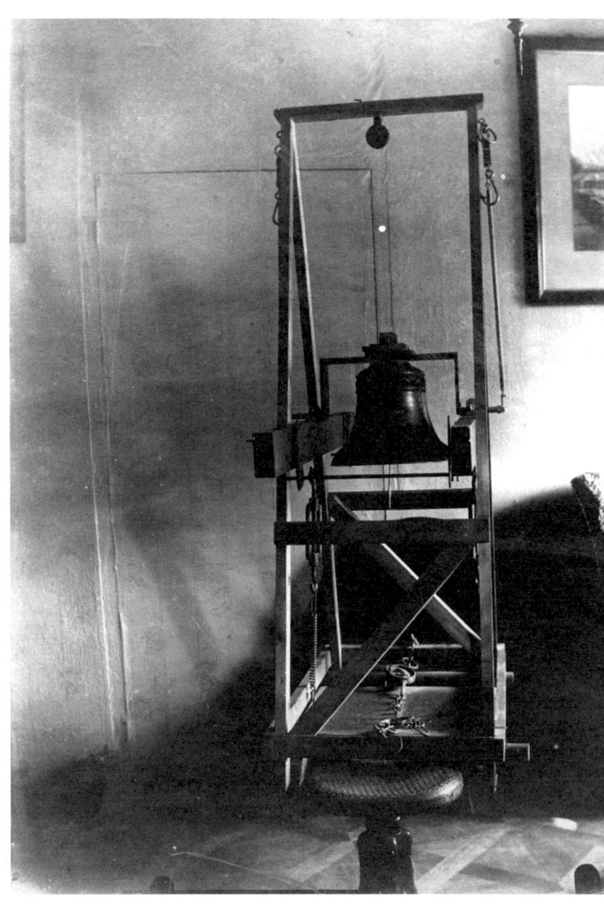

160   Versuchsanordnung, um 1898

folgte.[20] Die Anordnung sollte das zu harte Anschlagen des Klöppels verhindern und so die Glocke vor Beschädigung schützen.

Die Berechnungen Köpckes im „Handbuch der Architektur" dienten dem Glockengießer Heinrich Kurtz aus Stuttgart als Grundlage für seine eigene Glockenaufhängung, die in mehreren Kirchen im Südwesten des damaligen deutschen Reiches ausgeführt wurden, so im Ulmer Münster und in Kirchen in Stuttgart und Straßburg.[21]

Köpckes eiserne Glockenstühle haben, wenn sie nicht zerstört worden sind, den großen Belastungen standgehalten: In Osnabrück, Hamburg und Dresden tragen sie, neuen Erfordernissen angepasst, auch heute noch die Glocken.

KAISERLICHES PATENTAMT.

PATENTSCHRIFT

— № 105250 —

KLASSE **37**: HOCHBAUWESEN.

CLAUS KÖPCKE IN DRESDEN.

Glockenaufhängung.

Patentirt im Deutschen Reiche vom 25. Februar 1898 ab.

AUSGEGEBEN DEN 29. AUGUST 1899.

Das Bestreben, durch geeignete Aufhängung der Glocken eine Abminderung der Inanspruchnahme der Stabilität der Thürme herbeizuführen, ist schon in dem Pozdech'schen, Ritter'schen und anderen Systemen der Glockenaufhängung zu Tage getreten.

In der Hauptsache wird bei den vorgenannten Systemen die Abminderung der Inanspruchnahme der Stabilität der Thürme dadurch erzielt, dafs die Schwingungsachse der Glocke möglichst nahe an den Schwerpunkt der letzteren herangelegt ist.

Trotz der Vortheile dieses Systems sind aber immerhin mehrfache Nachtheile zu Tage getreten, welche durch die Aufhängung der Glocke nach vorliegender Erfindung vermieden werden sollen.

Zwar hat man schon Vorschläge gemacht, um auch die bisher bestehenden Nachtheile der Pozdech'schen, Ritter'schen etc. Aufhängung zu beseitigen.

So hat z. B. Bour (s. Patentschrift Nr. 24749) vorgeschlagen, den Drehpunkt des Klöppels im Innern der Glocke beträchtlich tiefer unter die Schwingungsachse der letzteren zu legen.

Diesen bekannten Aufhängungsarten der Glocke gegenüber kennzeichnet sich die Aufhängungsart nach vorliegender Erfindung dadurch, dafs

1. die Glocke bis nahe an ihrem Schwerpunkt bezw. in ihrem Schwerpunkte gelagert ist, wodurch gegenüber der Anordnung nach Bour (Patentschrift Nr. 24749) die bei dieser noch ziemlich hohe Fliehkraft bis auf Null abgemindert werden kann;

2. man die durch Verlegung der Schwingungs-achse der Glocke in ihre Schwerpunktsachse verloren gegangene Accelerationskraft durch eine aufserhalb wirkende Kraft (Arbeitssammler) ersetzt.

Was diese Arbeitssammler betrifft, so wird ein solcher bei der einen Aufhängungsform der Glocke durch Spiralfedern dargestellt, deren Eigenbewegung man dadurch so gering wie möglich macht, dafs man sie je mit dem einen Ende an einem Balken oder einem sonstigen festen Punkte über und unter der Glocke anbringt. Bei der grofsen Höhe, wie sie in Thürmen meist zur Verfügung steht, wird die Winkelbewegung der Federn sammt zugehörigen Zugdrähten oder Zugstangen geringer, und damit auch die Fliehkraft der an dem festen Endpunkte angebrachten Federn.

An die Stelle der Federn kann bei der anderen Aufhängung der Glocke nach vorliegender Erfindung zum Antreiben der Glocke die Schwere von an Hebeln wirkenden Lasten treten. Zu diesem Zwecke sind mit altem Eisen oder sonstwie schweren Massen ausgefüllte Blechkasten an die kurzen Arme von Hebeln angehängt, um an den längeren Armen dieser Hebel die nöthige Zugkraft hervorzubringen. Die Verwendung der Schwerkraft in dieser Form hat gegenüber der Verwendung von Federn keine erheblichen Nachtheile, weil die Geschwindigkeit, mit welcher sich die schweren Kasten zu bewegen haben, nur sehr gering ist und daher das Beharrungsvermögen dieser Lasten nicht ins Gewicht fällt, im Uebrigen aber stets nur in verticaler Richtung wirkt.

Eine Ausführung der Glocke mit der oben

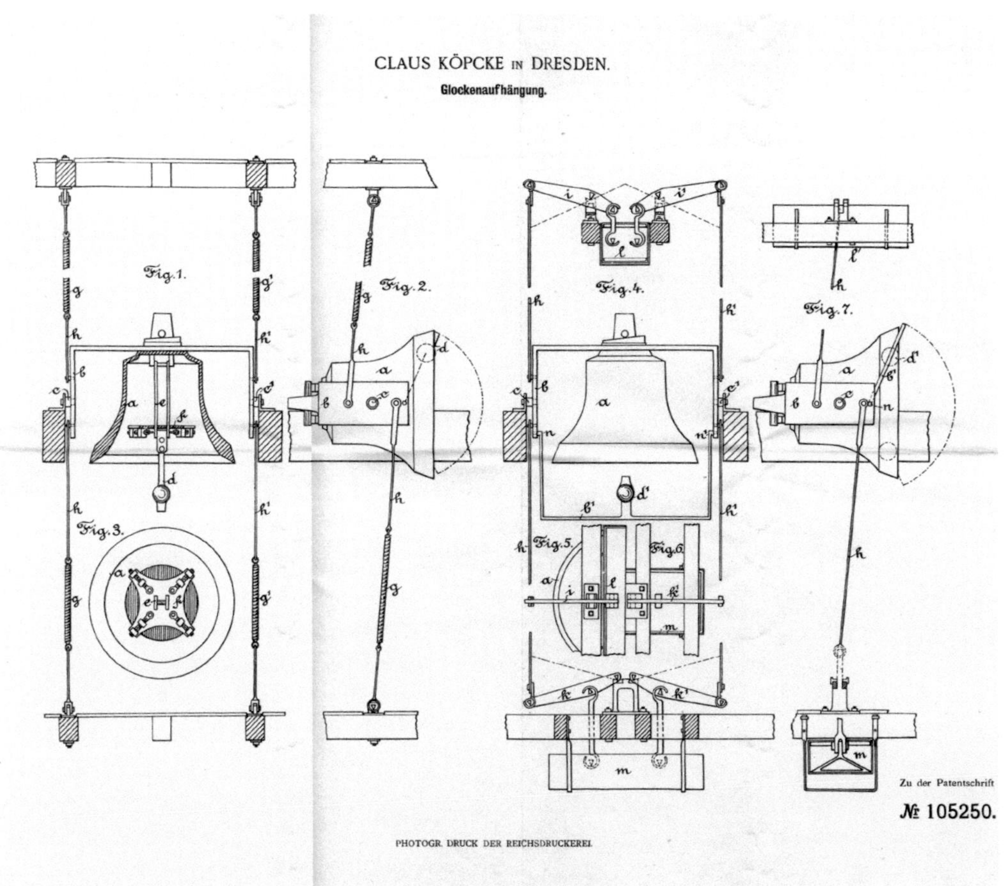

159 Zeichnungen zum Patent, 1898

158 Patent Glockenaufhängung, 1898

1 Köpcke 1884, S. 64.

2 Karmarsch 1856, S. 20.

3 Otte, Heinrich, Glockenkunde, Leipzig 1858, S. 74.

4 Köpcke 1891 (2), S. 71. – Viollet-le-Duc, Eugène Emmanuel, Dictionnaire raisonné de l'architecture française, Paris o.J., S. 190 f., Fig. 7-10.

5 Köpcke 1991 (2), S. 71.

6 ZfB 1868, S. 307. – Orth zählt eiserne Glockenstühle in Berlin und London auf.

7 Glockenläutevorrichtung von Ritter in Trier, in: ZfB 1865, S. 373.

8 Köpcke 1871 (3), S. 68. – Rudolf Stüve stammte aus Osnabrück. Sein Onkel Johann Carl Bertram Stüve (1798–1872), ehemaliger Staatsminister und Osnabrücker Bürgermeister, gehörte dem Kirchenvorstand der Katharinenkirche an, der den Auftrag an seinen Neffen vergeben hatte.

9 Stüve 1882, Sp. 26.

10 Köpcke 1879 (2), S. 135.

11 Köpcke 1884, S. 48, Anm. 78.

12 Köpcke 1891 (2), S. 71.

13 Der Dresdner Architekt Gotthilf Ludwig Möckel, nach dessen Plänen der Bau 1874–1878 errichtet wurde, hatte kurze Zeit am Polytechnikum in Hannover studiert, wo ihn die Neugotik seines Lehrers C. W. Hase geprägt hatte.

14 Köpcke 1884, S. 60.

15 Paula Erinnerungen I.

16 DBZ 1890, S. 600 u. DBZ 1891, S. 328.

17 Flade, P. (Hrsg.), Neue Sächsische Kirchengalerie. Die Ephorie Dresden I, Leipzig 1906, Sp. 642.

18 Köpcke 1904 (1), S. 104.

19 Bierling hat Dresdner Bronzedenkmäler gegossen, u. a. die Reiterstatue König Johanns vor der Dresdner Oper.

20 Siehe: Werkverzeichnis.

21 Der neue Glockenstuhl des Ulmer Münsters, in: DBZ 1898, S. 137 f. und Hertlein, W., Kurtz'sche Aufhängungsweise für Glocken, in: DBZ 1899, S. 394 f.

Mitgliedschaften

Naturwissenschaftliche Gesellschaft „ISIS"

Am 31. Mai 1877 wurde Köpcke als Mitglied in die naturwissenschaftliche Gesellschaft „ISIS" aufgenommen. Gleichzeitig ernannte der fast ausschließlich aus Männern bestehende Verein Fräulein Ida von Boxberg zum Ehrenmitglied. Sie gilt als erste Archäologin Sachsens und war in der Sektion für vorhistorische Forschungen aktiv. Köpcke fand sich im Kreis bekannter Persönlichkeiten, darunter der Chemiker Adolph Stöckardt, Professor an der Akademie für Forst- und Landwirtschaft in Tharandt, Gustav Zeuner, seit 1873 Professor für Mechanik und theoretische Maschinenlehre und Nachfolger von Hülsse als Direktor des Polytechnikums in Dresden, der Dresdner Fotopionier Hermann Krone, ebenfalls Lehrer am Polytechnikum, Ernst Hartig und Wilhelm Fränkel, Vorstand der Sektion für reine und angewandte Mathematik. Weitere Sektionen befassten sich mit Zoologie, Botanik, Geologie, Physik und Chemie. Der bekannte Physiker August Toepler gab 1885 einen „Rückblick auf die Entdeckung des Elektromagnetismus und der Inductionselektrizität", Köpcke sprach am 13. April 1893 über die Loschwitz-Blasewitzer Brücke. Beide Vorträge sind im Vereinsblatt abgedruckt (Abb. 161).

Dass es auch recht fröhlich zugehen konnte, zeigen Fotos von den Vereinsfesten „Blitz-

Osiris", Köpcke ist allerdings nicht darauf zu sehen. „Stammtischgemütlichkeit lag nicht im Charakter meines Vaters, der nur zufällig einmal ein Glas Bier trank", glaubt Paula zu wissen, denn er war auch Mitglied des „Vereins gegen den Missbrauch geistiger Getränke"[1]. Der 1883 in Kassel gegründete Verein gehörte zur weitverbreiteten Antialkoholbewegung.[2] Auch den Zigarren hatte der starke Raucher Köpcke als etwa 50-Jähriger entsagt, da sie nicht zu einer gesunden Lebensweise beitrügen.[3] Sein jüngerer Bruder Hinrich versuchte, ihn vom „Vegetarismus" zu überzeugen, was jedoch nicht gelang. Es war die Zeit der Reformbewegungen.

Gehe-Stiftung Dresden

Die Gehe-Stiftung war 1885 in Dresden gegründet worden. Das Kapital von 2 Millionen Reichsmark stammte aus dem Vermächtnis des Kaufmanns Franz Ludwig Gehe, Inhaber des pharmazeutischen Großhandels Gehe & Co. Die Stiftung baute eine Bibliothek auf und bot wissenschaftliche Vorträge, Vortragsreihen und Veröffentlichungen an, die nicht nur der Weiterbildung der Gehe-Mitarbeiter dienen sollten, sondern auch einer breiteren Öffentlichkeit. Finanziell unterstützt wurde auch das Dresdner Polytechnikum mit Geldern für Lehrpersonal, Prämien und Stipendien.[4]

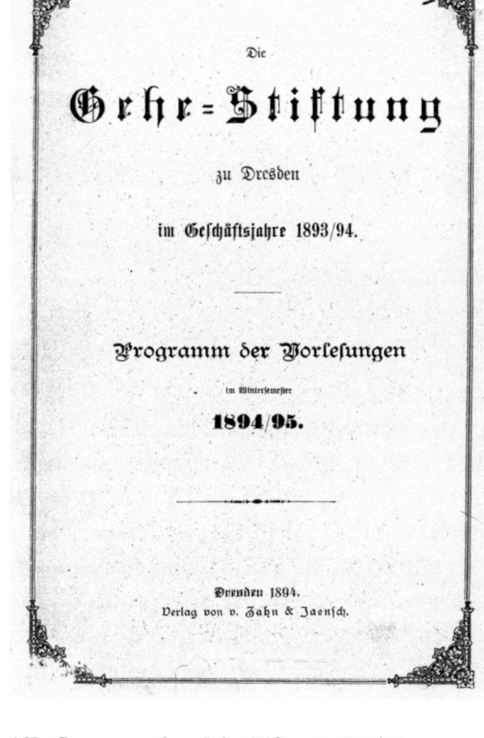

161 Bericht der „Isis", 1892

162 Programm der „Gehe-Stiftung", 1894/95

In der Sitzung vom 28. April 1894 wurde Köpcke wie auch der Minister des Königlichen Hauses von Nositz-Wallwitz in den „Stiftsrath" gewählt (Abb. 162).[5] Zusätzlich wurden zwei ständige Lehrämter für Staats- und Rechtslehre und für Nationalökonomie und Statistik gestiftet, Fächer, die in der „Allgemeinen Abteilung" des Polytechnikums seit 1871 zunehmend an Bedeutung gewonnen.[6] „Zu den öffentlichen Einzelvorträgen wurden namhafte Gelehrte, meist von den Universitäten, berufen, die der Gehe-Stiftung im Verein mit ihren eigenen Lehrkräften den Charakter einer wissenschaftlichen Anstalt gewahrt haben."[7] So sprach am 16. Februar 1901 der Volkswirtschaftler und Soziologe Professor Werner Sombart aus Breslau über „Technik und Oekonomik".[8]

Viel Beachtung fand eine Vortragsreihe über die Kunst des Städtebaus, die Cornelius Gurlitt 1897 hielt.[9] Seit 1893 war er außerordentlicher Professor für Architekturgeschichte an der TH Dresden und Mitglied der 1894 gebildeten „Kgl. Kommission für Erhaltung der Kunstdenkmäler". Das Thema war hochaktuell. Auf dem Weg zur Großstadt drohte der Stadtumbau die Einzigartigkeit Dresdens zu gefährden.[10] Gurlitt setzte sich für den Erhalt historischer Stadtteile ein und hob besonders die Schönheit des Altmarkts hervor. Durch seinen Einspruch gelang es, die

Fluchtlinien der Straßenbebauung im neuen „Gesammt-Bebauungsplan" von 1898 abzuändern. Damit konnten zahlreiche barocke Bürger- und Palaisbauten, wie das Kosel- und Kurländerpalais vor dem Abriss bewahrt werden. Wegen des großen Interesses wurde die Reihe verkürzt vor dem SIAV und andernorts wiederholt.

Preußische Akademie des Bauwesens in Berlin

Am 17. November 1880 wurde Köpcke zum außerordentlichen Mitglied der Königlich preußischen Akademie des Bauwesens ernannt. Sie war 1880 an die Stelle der am 1. Oktober aufgelösten technischen Baudeputation getreten und hatte beratende Funktion. Nach königlichem Erlass vom 7. Mai war sie berufen „das gesamte Baufach in künstlerischer und wissenschaftlicher Beziehung zu vertreten, wichtige öffentliche Bauunternehmungen zu beurtheilen, die Anwendung allgemeiner Grundsätze im öffentlichen Bauwesen zu berathen, neue Erfahrungen und Vorschläge in künstlerischer, wissenschaftlicher und bautechnischer Beziehung zu begutachten und sich mit der weiteren Ausbildung des Baufaches zu beschäftigen. [...] Die Mitgliedschaft ist als Ehrenamt mit einer Remuneration nicht verbunden."[11]

Es konnten ernannt werden „Bau- und Maschinentechniker, welche sich durch hervorragende wissenschaftliche oder praktische Leistungen auszeichnen. Zu Mitgliedern der Abtheilung Hochbau können ausnahmsweise auch Künstler verwandter Fächer vorgeschlagen werden."[12] Seit ihrer Gründung gehörten ihr Schwedler und Wasserbauingenieur Gercke als Vertreter des Ministeriums für öffentliche Arbeiten an und Streckert als Vertreter des Reichs-Eisenbahn-Amtes. Außerordentliche Mitglieder waren aus Köpckes näherer Bekanntschaft sein ehemaliger Lehrer Hase sowie die Studienkollegen Launhardt und Franzius. Die Berufung erfolgte für ein Jahr, Köpckes Wiederernennungen sind bis ein Jahr vor seinem Tod belegt.[13] Da Akten im Krieg verloren gegangen sind, kann über sein mögliches Einwirken nichts gesagt werden.

Als Beispiel zur Tätigkeit der Akademie mag ihr Einsatz für „die Sicherheit der Theater gegen Feuersgefahr" gelten.[14] Offenes Feuer auf der Bühne, Gasbeleuchtung und leicht brennbare Materialien hatten immer wieder zu Brandkatastrophen geführt. Seit 1871 waren durchschnittlich 13 Theater jährlich abgebrannt, meistens während der Vorstellung.[15] Das Gutachten der Akademie vom 2. November 1881 erhielt im Juni 1882 noch einen Nachtrag, nachdem am 8. Dezember beim Brand des Wiener Ringtheaters 400 bis 500 Menschen umgekommen waren.[16]

Auf der General-Versammlung des Verbandes deutscher Architekten- und Ingenieur-Vereine in Hannover im August 1882 standen 15 Thesen zur Feuersicherheit in Theatern zur Diskussion, die eine fünfköpfige Kommission des Dresdner Zweigvereins des SIAV zur Vorlage beim Bundesrat erarbeitet hatte.[17] Köpcke, der gern ins Theater ging, wird sich an deren Erarbeitung verstärkt beteiligt haben, da sein Engagement auf diesem Gebiet im Nachruf des ZBV besonders hervorgehoben wird.[18]

1 Paula Erinnerungen I.

2 Siehe auch Röll 1892: Antialkoholbewegung.

3 Paula Erinnerungen I.

4 Lienert, Mathias/Heymann, Veronika, Historische Stiftungen, in: Förderer und Stifter in Geschichte und Gegenwart, Universitätsarchiv TU Dresen (Hrsg.), Altenburg 1998, S. 19. – Siehe auch: Kobuch, Agatha, Die Gehe-Stiftung in Dresden…, in: Dresdner Hefte 20, 7 (1989), S. 49 ff.

5 Die Gehe-Stiftung zu Dresden im Geschäftsjahre 1893/94, Dresden 1894, S. 4.

6 Landgraf 1994, S. 52 f.

7 Richter, Otto, Geschichte der Stadt Dresden in den Jahren 1871–1902, Dresden 1905, S. 243 f.

8 Der Vortrag erschien unter dem Titel „Wirtschaft und Technik", in: Jahrbuch der Gehe-Stiftung, Bd. VII, Dresden 1901.

9 DBZ 1897, S. 153 f.

10 1871 zählte die Stadt 177.089 Einwohner, 1898 378.800.

11 DBZ vom 22. Mai 1880, S. 218: Die Einsetzung einer Akademie des Bauwesens in Preußen.

12 DBZ vom 29. Sept. 1880, S. 420, vom 23. Okt. S. 455 f., vom 30. Okt. S. 465 f.

13 Geheimes Staatsarchiv Preußischer Kulturbesitz, Abteilung Merseburg: Sign. 2.2.1. Geheimes Zivilkabinett über die technische Oberbaudeputation, die technische Baudeputation und die Akademie des Bauwesens (1850–1918). Sign: 2.8.26: Die Wahl und Ernennung der Präsidenten, Abteilungsdirigenten und Mitglieder der Akademie. Köpcke ist darin als außerordentliches Mitglied der Abteilung für das Ingenieur- und Maschinenwesen ausgewiesen. Seine Wiederernennungen 1892, 1898, 1904, 1910 und 1911.

14 CBV 1882, S. 225 ff.

15 Fölsch, August, Theaterbrände und die zur Verhütung derselben erforderlichen Schutzmaßnahmen, Hamburg 1878, Ergänzungsheft 1882.

16 Siehe auch: Semper, Manfred, Theater, in: Handbuch der Architektur, Bd. IV, 6. Halbb., Heft 5, Stuttgart 1904, S. 463 f.

17 DBZ 1882, S. 21; CBV 1882, S. 315.

18 Nachruf Köpcke, in: ZBV 1911, S. 631.

Privates

163 Friederike mit Paula, Otto und Irene, um 1885

Der Familienvater

„Mein Vater schätzte Wissenschaften und Kunst als das höchste Gut [...]", notierte Paula.[1] Sie bedeuteten ihm und anderen Technikern viel, und so schmückte eine allegorische Darstellung seit 1875 auch die Decke der Aula im neuen Polytechnikum.[2] Der Vater tat sein Mögliches, das Interesse daran bei seinen Kindern zu wecken und zu fördern. Während der Sohn eine wissenschaftlich-technische Orientierung erhielt, war es für die beiden Töchter die musische, wie im bürgerlichen Milieu des ausgehenden 19. Jahrhunderts üblich (Abb. 163).[3]

Mit acht Jahren erhielt Paula Klavierunterricht, später trat sie sogar öffentlich auf, litt aber so sehr unter Lampenfieber, dass sie nur noch privat spielte. Ihre Schwester Irene brachte es auf der Geige zum Musizieren im Dresdner Mozartverein. Vater Köpcke war nicht so erfolgreich. „Unser Vater konnte etwas geigen nach beschränktem Unterricht, benutzte seine Töne meist nur als Verteidigungsmittel gegen eine unermüdliche fehlerhafte Klavierspielerin über uns, die in der Strehlener Straße ihn bei seinen dringlichen Arbeiten störte. Es half auch."[4] Von Mutter Friederike wird nichts berichtet.

Von einem besonderen Einsatz des Vaters am Krankenbett des fünfjährigen Sohns Otto berichtet Tochter Paula: Der Vater schreibt das Grimmsche Märchen vom Grafen Gleichen in 18 Strophen um und trägt es vor:

„Auf dem Schloß des Grafen Gleichen
Gab es eine Tränenfluth
Banner wehten, Kriegeszeichen
Trug die Mannschaft voll von Muth.

Und es weinten Frauen und Kinder,
Denn es ging ins heilge Land ….."

Die Sache geht gut aus, ob aber die damals sehr bekannte Bigamiegeschichte zu Ottos Heilung beitrug, ist offen.

Beschäftigung mit Theater, Literatur, Architektur und Malerei gehörte zur Freizeitgestaltung der Familie. Köpcke schrieb kleine Gedichte, auch in Englisch und Französisch, die sich erhalten haben. Ein Manuskript ist überliefert, in dem er sich mit dem Realismus in Malerei und Fotografie auseinandersetzt.[5] Er malte nicht, wie sein Freund Franzius, nutzte aber jede Gelegenheit zum Besuch von Kunstausstellungen. Sonntags, „wenn er nicht arbeitete", begleiteten ihn seine Kinder.[6]

Erfindungsgeist, Neugier und Technikbegeisterung gab der Vater an seine Kinder weiter. Auf der Dresdner Gewerbeausstellung kaufte er der 18-jährigen Paula einen Fotoapparat. Das Fotografieren wurde zu einer von Paulas großen Leidenschaften und kam ihrer Experimentierfreude mit Chemikalien entgegen, die sie nach Stöckardts „Schule der Chemie" betrieb.[7] Ihre heute noch teilweise erhaltenen Aufnahmen bei künstlicher Beleuchtung und bei Nacht zeigte sie sogar auf einer Ausstellung (Abb. 164). Ein Herr riet ihr, bei Tageslicht zu fotografieren, da gehe es bestimmt besser. Bei der Herstellung von Geländereliefs und „Reliefphotogrammen" für die Planung der Eisenbahntrassen durfte Paula helfen.[8] Ein Foto des Reliefs der sächsischen Schweiz findet sich im Familienalbum.

Der Astronomie galt Köpckes besondere Vorliebe, wie sein Aufsatz „Ueber den Ein-

164 Dresdner Striezelmarkt, Foto von Paula Köpcke, um 1900

fluss der Schwerkraft" beweist.[9] Mit einem vom Polytechnikum ausgeliehenen Fernrohr beobachteten und fotografierten Otto und Paula die Sonnenfinsternis vom Juni 1890. „Wie oft weckte er uns, wenn die Monde des Jupiter oder der Ring des Saturn oder die Mond- oder die Marsfläche besonders deutlich zu sehen waren. Ich glaube, wir waren damals nicht immer dankbar genug für die Gelegenheit, so mitten aus dem Schlaf heraus [...]", schreibt Paula.[10] Dabei durfte die Erklärung der Phänomene nach Professor August Ritter nicht fehlen, den Köpcke noch aus Hannover kannte.[11]

Mit 16 hatte Paula die „Privat-Töchterschule" bei Agnes Fink mit Erfolg beendet. Ihre Erziehung war auf ihre zukünftige Bestimmung als Hausfrau und Mutter ausgerichtet, denn der Besuch des Gymnasiums war für das intelligente Mädchen damals nicht möglich. Die verschiedenen „Hausfleißarbeiten", Buchbinderei, Kerbschnitzen, Blumenpressen und Fotografie, haben die inzwischen 24-jährige auf die Dauer nicht befriedigt.[12] Es war Friederikes für die Zeit ungewöhnliche Idee, die Tochter in der Schweiz Chemie studieren zu lassen. Gegen Ende des Jahres 1891 war es soweit: Paula fuhr mit ihrer Mutter nach Zürich, wo sie beim Architekturprofessor Georg Lasius, einem Freund ihres Vaters aus Hannover, wohnen und ein neues, befreites Leben beginnen konnte.[13] So empfand sie es.

165   Familien Köpcke (l.) und Hippe, um 1882

Freunde und Verwandte

„Jugendgesellschaften" fanden im Hause Köp-cke nicht statt, was Paula bedauerte. Feste wurden im Familienkreis mit den engsten Freunden gefeiert, so die silberne Hochzeit am 24. Mai 1891. Aus diesem Anlass stand Hausmusik auf dem Programm, und ein lan-ges Gedicht von Paula wurde mit Familie Hip-pe aufgeführt. Nach 25 Jahren Ehe der Eltern beschreibt sie rückblickend die Mutter:

„Sie greift selbst zu mit fester Hand
Kein Werkzeug ist ihr unbekannt
Quirl, Hammer, Nadel und auch Messer
Man weiß nicht welches führt sie besser."

Und den Vater lässt sie sprechen:

„Was schön'res giebt's nicht auf der Welt
Nichts andres das mir so gefällt
Als mit dem was uns umgiebt auf Erden
Aufs Gründlichste bekannt zu werden."

Elise Hippe, geb. Wittgenstein, war Friede-rikes beste Freundin (Abb. 165). Sie kannten sich noch aus gemeinsamen Schultagen in Hannover. Ihr Mann war wohl der Rechtsan-walt Karl August Hippe, der 1890 in einem Prozess die Besitzerin der „Villa Idylle" in Kötzschenbroda gegen Karl May vertrat, der mit Miete im Rückstand war. Zwei Jahre spä-ter wurde er durch „Carl May's gesammelte

166 Familien Köpcke und Neumann

Reiseromane" erfolgreich. Ob Familie Köpcke die Abenteuergeschichten von Winnetou und Old Shatterhand las, ist nicht überliefert.

„Einer der wenigen Beamten, mit dem und dessen Familie wir wenigstens zu Landpartien zusammen kamen", war der in der Eisenbahndirektion tätige Ludwig Neumann (Abb. 166).[14] Zum Andenken schenkte er Köpcke eine große Sammlung von Postkarten und Bildern der amtlich bereisten Gegenden.

Von einer Reise nach Berlin mit seinem 14-jährigen Sohn Otto berichtet Köpcke am 27. Juli 1886: „Wir haben nun am 1. Tage die Ausstellung am 2. Tage Sanssouci und Potsdam besucht und Sonntag […] am 3. Tage Rundreise bei meinen Schwestern und Johann gemacht. Am 4. Tage (gestern) waren wir im Zeughause und der Nationalgalerie, Flora mit Kenneraugen und heute wollen wir weiter ins Museum uns ergehen, natürlich nicht ganz herum sondern nur die Hauptsachen berücksichtigend. Stüve's und Gerkens haben wir auch besucht."

Es ist anzunehmen, dass es um die vielbeachtete Jubiläumsausstellung der Königlichen Akademie der Künste ging, die an die erste Berliner Kunstausstellung vor 100 Jahren erinnern sollte. Zwar geht Köpcke auf die ausgestellten Werke nicht ein, er wird aber ein

167 Adolph Menzel, Eisenwalzwerk, 1875

Gemälde von Adolph Menzel, das der damals führende Künstler in Deutschland zwischen 1872 und 1875 geschaffen hatte, nicht übersehen haben. Das 1,58 x 2,54 Meter messende „Eisenwalzwerk" („Moderne Cyklopen") war die „künstlerische Sensation des Jahres 1875" (Abb. 167).[15] Es gilt als erste große Industriedarstellung in Deutschland. Menzel hatte die Produktion von Eisenbahnschienen in einem der damals modernsten Walzwerke auf dem Kontinent, der Königshütte in Oberschlesien, eingehend studiert, das Leben am Arbeitsplatz, die Schwerstarbeit vom weißglühenden Block bis zur fertig gewalzten Schiene und den Schichtwechsel.[16] Ob sich Köpcke mit der Wirklichkeit moderner Industriearbeit und der sozialen Frage auseinandersetzte, ist nicht dokumentiert, verborgen können sie ihm nicht geblieben sein.

Die 1871–74 erbaute „Flora" in Charlottenburg war damals eine der eindrucksvollsten Vergnügungsstätten in Deutschland (Abb. 168). Der monumentale Ziegelbau mit Palmenhaus, Festsaal und Garten war nach einem Entwurf von Johannes Otzen gebaut, Innenarchitektur, Konstruktion und Detaillierung stammten von Hubert Stier. Der Saalbau zeigte sich in einem Mischstil aus Neugotik und Renaissance mit einer hölzernen Decke „im Sinne gothischer Rathhaushallen mit einer Mauerkonstruktion nach Art rheinischer Thermenanlagen".[17] Der Saal war einer der größten in Deutschland. Vor allem aber wird den Ingenieur das Palmenhaus in Eisen und Glas interessiert haben. Das Dach war als Dreigelenkbogen ausgebildet, den Köpcke in seinem Vortrag „Der Loschwitz-Blasewitzer Brückenbau" 1893 erwähnt.[18]

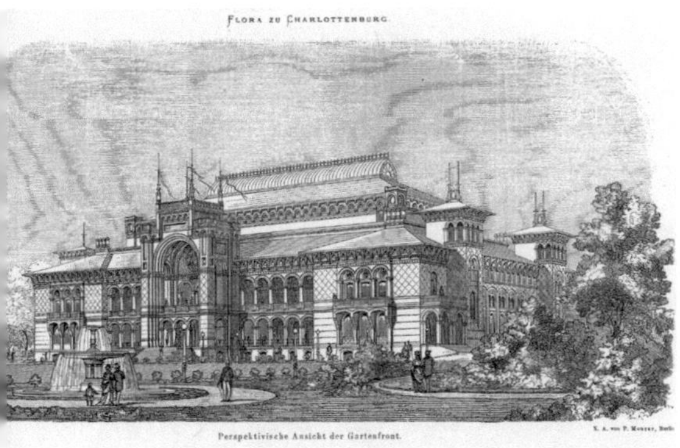

168   „Flora", Berlin-Charlottenburg, 1873

169   Bruder Johann Köpke, Obst- und Gemüsegroß-
      händler in Berlin

Das Jahr 1886 war für Köpckes Bruder Johann, den „ersten Berliner Fruchtimporteur", den Vater und Sohn aufsuchten, von besonderer Bedeutung (Abb. 169). Am 3. Mai waren vier Markthallen eröffnet worden, darunter die Zentralmarkthalle in der Neuen Friedrichstraße am Alexanderplatz. „Zu dieser Zeit kaufte sich Johann Köpke in der Neuen Friedrichstraße ein Geschäftshaus, um von dort aus zusätzlichen Handel treiben zu können. Gleichzeitig mietete er sich in der neuen Halle einen Stand auf der Galerie und erwarb sich damit die Berechtigung, ankommende Obst- und Gemüsewaggons entladen zu dürfen. Immer stärker wurde nun auch der Schienenweg in Anspruch genommen, und zu den böhmischen Bezugsgebieten gesellte sich allmählich auch die Steiermark, die einen nicht unerheblichen Teil des erforderlichen Obstes lieferte.", ist 1973 in der Fest-

schrift zum 125-jährigen Jubiläum von Großmarkt Johann Köpke & Co. zu lesen.

Auch die Familien der Geschwister Gesche, Metta und Hinrich, der seit 1881 am Kaiserlichen Patentamt tätig war, werden aufgesucht (Abb. 170). Von einem Wiedersehen mit dem jüngsten Bruder Jacob ist jedoch nicht die Rede. Im Jahr darauf schreibt Johann an seinen Bruder Claus, er habe Jacob, der sich „schon bedeutend gebessert" habe, in die Firma genommen. „Und wir wollen hoffen, daß er recht bald im Stande sein wird sein Vermögen selbst zu verwalten und auf eigenen Füßen sein Geschäft zu führen."[19] Jacob war wohl nicht so erfolgreich wie seine Brüder. Warum er nicht für sich selbst sorgen konnte, bleibt offen. 1902, im Alter von 55 Jahren, wanderte er in die USA aus, wo sich seine Spur verliert.

170 Claus Köpcke mit Verwandtschaft, um 1890

Kuraufenthalt

„Du klagst, daß Deine Nerven sehr schwach
und [...] Deine Augen leidend sind.", schreibt
Johann in einem Brief im April 1887. Das war
wohl der Grund für Köpckes Kuraufenthalt
in Gastein im Juni 1888. Wie schon vier Jahre
zuvor lautet seine Adresse „Oesterreichisches
Beamten-Haus", von wo er in einem ersten
Brief an seine Frau von der 3. Internationalen
Kunstausstellung in München berichtet:[20]

„Der Reichthum an Gemälden ist in München
erdrückend. Am auffälligsten und fremdartig
sind auch dort die Bilder der Italiener, Belgier
etc. Anders als in unseren Köpfen malt sich

in deren die Welt. Die Bilder Lenbachs sind
hier aber besser als die in Dresden. Böcklin
hat mehrere curiose Dinger hier. Diese Phan-
tasiegeschöpfe, hauptsächlich Centauren
mit (Schwimm-)flossen statt der Füße sind
merkwürdige Composita von karrikirten
menschlichen und tierischen Formen, deren
Auffälligkeit noch durch die Zusammenstellung mit Menschen, die freilich auch etwas
Amphibisches an sich haben, sich umso
mehr aufdrängt. [...] Auf die Dauer können
die Bilder nicht gefallen." Arnold Böcklin, zu
den Symbolisten des ausgehenden 19. Jahrhunderts gerechnet, wurde zu einem der
berühmtesten Maler der Zeit. Angesprochen
fühlte sich Köpcke dagegen von den Bildern

des Dresdner Malers Friedrich Prölss, „als man ohne Schwierigkeit und ohne Unterschrift sieht, was vorgeht."

Beeindruckt von den Errungenschaften auf elektrotechnischem Gebiet schreibt er über die Nutzung der Wasserkraft in Gastein: „Ueberall sieht man hier elektrisches Licht, beziehentlich die dazu nöthigen Vorkehrungen. Die Wasserkraft der Ache wird zum Betriebe der Ströme nur zu einem sehr kleinen Theile in Anspruch genommen. Beim Einfahren machte es aber gestern Abend einen förmlich großstädtischen Eindruck. Wasserkräfte zum Hervorbringen solchen Lichts sind in Oesterreich ein Ueberfluß und als guten Sachsen wundert es einen, dass die Wasserkräfte so gut wie gar nicht benutzt werden."[21]

Es fällt dem Erholungsuchenden in den ersten Tagen der Kur schwer, sich an das Fehlen von Arbeit und vertrauten Personen zu gewöhnen. Entspannung findet Köpcke beim Wandern mit Taschenbarometer und Schrittzähler – beide sind erhalten – und beim Lesen von Romanen in der Originalsprache. Nach „The Princess" von Lady Morgan und „Le Maître de forges (Der Hüttenbesitzer)" von Georges Ohnet, ist „Les vieux de la vieille – d.s. die alten (Soldaten) der alten (napoleonischen Garde)" von Erckmann-Chatrian bereits sein drittes Buch innerhalb kurzer Zeit. Er genießt die Ruhe und zieht vorerst die Langeweile der

Unterhaltung vor. Zwei Wochen später glaubt er, sich erholt zu haben, und freut sich auf die Rückkehr nach Dresden. Die Familie und ein gewaltiges Arbeitspensum erwarten ihn.

Lebensabend

Die Ereignisse häuften sich. 1897 beging Köpcke sein 25-jähriges Dienstjubiläum, 1898 war der neue Dresdner Hauptbahnhof vollendet. Paula hatte Anfang Dezember des Jahres ihre Doktorprüfung in Chemie an der Universität in Bern bestanden, und Otto trat 1899 nach Maschinenbau- und Elektrotechnikstudium als Regierungsbaumeister in die sächsische Staatseisenbahnverwaltung ein. Ein offizielles Familienfoto wurde um 1900 aufgenommen (Abb. 171). Es folgten der 70. Geburtstag und die Ehrendoktorwürde im Jahr nach der Jahrhundertwende und der Abschluss der Dresdner Bahnhofsbauten.

Anlässlich der Pensionierung Köpckes schreibt auch der Physiker August Toepler ein Grußwort. Köpckes Antwort ist erhalten.[22] Als Dank und zur Erinnerung überreicht er Kollegen und Freunden ein Schreiben, dem er seine Fotografie beilegt (Abb. 172 und 173).

„Dresden im Frühling 1903. Bei meinem Scheiden aus meiner Dienststellung sind mir von meinen älteren und jüngeren Fachgenossen zahlreiche Beweise freundschaftli-

171   Familie Köpcke, um 1900

172   Abschiedsgeschenk an Freunde
und Kollegen, 1903

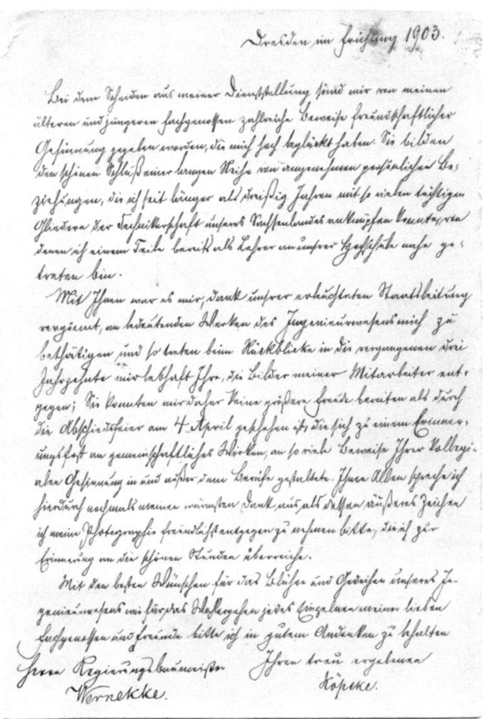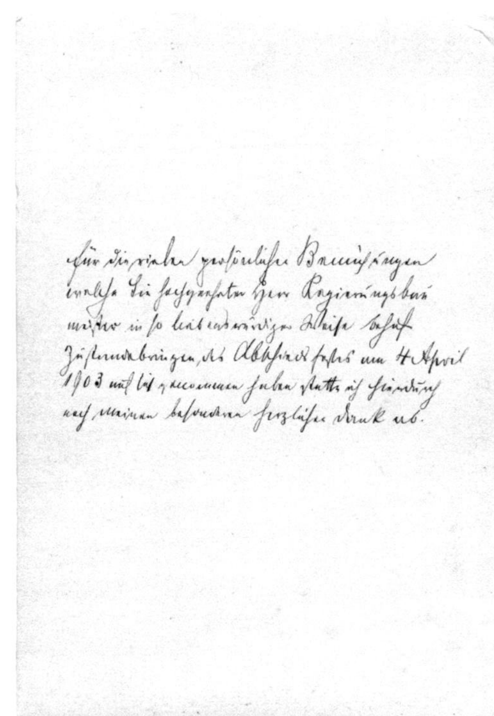

173 Dankschreiben zum Abschied, 1903

cher Gesinnung gegeben worden, die mich hoch beglückt haben. Sie bilden den schönen Schluß einer langen Reihe von angenehmen persönlichen Beziehungen, die ich seit länger als dreißig Jahren mit so vielen tüchtigen Gliedern der Technikerschaft unseres Sachsenlandes anknüpfen konnte, von denen ich einem Teile bereits als Lehrer an unserer Hochschule nahe getreten bin.

Mit Ihnen war es mir, dank unsrer erleuchteten Staatsleitung vergönnt, an bedeutenden Werken des Ingenieurwesens mich zu bethätigen und so treten beim Rückblicke in die vergangenen drei Jahrzehnte mir lebhaft Ihre, die Bilder meiner Mitarbeiter entgegen; Sie konnten mir daher keine größere Freude bereiten als durch die Abschiedsfeier am 4. April geschehen ist, die sich zu einem Erinne-

rungsfest an gemeinschaftliches Wirken, an so viele Beweise Ihrer kollegialen Gesinnung in und außer dem Berufe gestaltete. Ihnen allen spreche ich hierdurch nochmals meinen wärmsten Dank aus als dessen äußeres Zeichen ich meine Photographie freundlichst entgegen zu nehmen bitte, die ich zur Erinnerung an die schönen Stunden überreiche.

Mit den besten Wünschen für das Blühen und Gedeihen unseres Ingenieurwesens wie für das Wohlergehen jedes Einzelnen meiner lieben Fachgenossen und Freunde bitte ich in gutem Andenken zu behalten

Ihren treu ergebenen Köpcke."[23]

174   Sedanstr. 25 II, Dresden, Wohnung der Köpckes ab 1906

175   Familienessen in der Sedanstraße, um 1909

176 Großvater Claus mit Enkel Klaus Sixtus, um 1909

Er arbeitete aber weiter. „Glockenstühle", sein Beitrag zum „Handbuch der Architektur" erschien 1904 in der dritten Auflage. Im selben Jahr wurde sein ehemaliger Kommilitone Wilhelm Launhardt Ehrenmitglied des AIVH. Köpcke würdigte ihn und seine Verdienste in Verkehrs- und Volkswirtschaftsfragen.[24]

Vielleicht sind das Manuskript eines Aufsatzes über Luther und die Übersetzung des Lutherliedes „Ein feste Burg ist unser Gott" ins Französische in dieser Zeit entstanden.[25] Durch die protestantische Erziehung seiner Mutter war Köpcke der Kirche zeitlebens verbunden. Er besuchte den Gottesdienst, wenn er konnte, und zitierte Bibelstellen, die er von seiner Mutter gehört hatte.[26] Weiterhin gehörte Theaterbesuch zu seinen Reisen, belegt durch eine Postkarte, die der 79-jährige aus Hamburg schreibt, wo er mit Paula „Die Kinder", das neueste Lustspiel von Hermann Bahr, gesehen hatte. Aber auch vom Besuch einer Fabrik ist da die Rede.

Freude und Genugtuung müssen für den Familienvater die beruflichen Erfolge und das private Glück seiner drei Kinder gewesen sein (Abb. 174–176). 1903 hatte Dr. phil. Paula Köpcke in Dresden die Zulassung zur Prüfung als Nahrungsmittelchemikerin erhalten und mit „sehr gut" bestanden.[27] Über 30 Jahre lang war sie als Beamtin an der Landesstelle für öffentliche Gesundheitspflege tätig. Wie sein Vater wurde auch Otto ans sächsische Finanzministerium berufen, wo er die Elektrizitäts- und Verkehrswirtschaft entwickeln konnte. Seine große Begeisterung galt dem Fliegen. Die jüngste Tochter Irene studierte Musik, heiratete einen Studienkollegen ihres Bruders, Paul Sixtus, der zeitweilig dem Elektrotechnischen Amt Dresden vorstand.

Die kleiner werdende Familie Köpcke zog in die Sedanstraße 25, heute Hochschulstraße. Ein letzter Brief an seine Frau vom 6. Juli 1911, geschrieben nach einem gemeinsamen

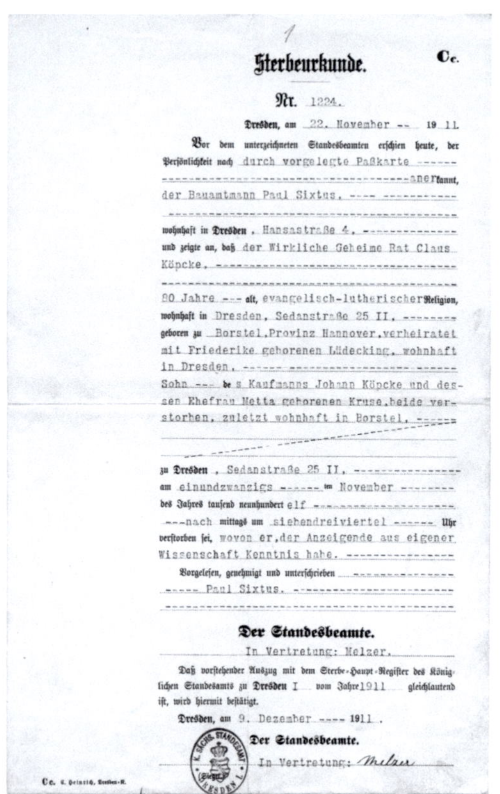

177   Sterbeurkunde, 1911

178   Grabstätte der Familien Köpcke-Sixtus auf dem
Urnenfriedhof Dresden-Tolkewitz, 2007

Badeaufenthalt in Teplitz, klingt fast wie ein
Abschied:

„Meine liebe Friederike!

Den allerherzlichsten Dank sage ich Dir
für Deine Karte, in welcher Du des 4ten Juli
so liebenswürdig gedenkst. Du hast die seit
unserer Verlobung mit mir durchlebten 46
Jahre für mich so recht lebenswert gemacht.
Du hast mich als Braut wie als Frau hoch
beglückt und als Mutter unserer Kinder Dir
in ihnen tüchtige Menschen erziehen helfen,
die Dich ihr Leben lang verehren und lieben
werden."

Wohl an den Folgen eines im September
erlittenen Schlaganfalls starb Köpcke am 21.
November 1911 (Abb. 177). Auf dem gerade
fertig gestellten Urnenfriedhof in Dresden
Tolkewitz mit dem eindrucksvollen Krema-
torium von Fritz Schumacher wurde er bei-
gesetzt. Eine schlichte Stele mit Vasenaufsatz
schmückt das Familiengrab (Abb. 178).

Zahlreiche Nachrufe erschienen in Dresdner
Tageszeitungen und Fachblättern, allen voran im ZBV.[28] Köpckes „maßgebendster Einfluss auf die Eisenbahngeschichte Sachsens"
wird darin hervorgehoben, seine Brücken-

bauten und theoretischen Arbeiten. „Schlicht und einfach als Mensch, energisch und zielbewusst als leitender Beamter, neue Wege weisend als Ingenieur sowohl auf den Gebiete der Theorie wie der praktischen Durchbildung im Einzelnen, so stellt sich das Charakterbild des Entschlafenen dar, der einen ehrenvollen Platz in der Geschichte des deutschen Ingenieurwesens behalten wird", war in der DBZ zu lesen.[29]

1 Paula Erinnerungen II. – Die folgenden Angaben sind Paulas „Erinnerungen" entnommen.

2 Entwurf von Anton Dietrich (1833–1904).

3 Budde, Gunilla-Friederike, Auf dem Weg ins Bürgerleben. Kindheit und Erziehung in deutschen und englischen Bürgerfamilien 1840–1914, in: Bürgertum. Beiträge zur europäischen Gesellschaftsgeschichte, Bd. 6, Göttingen 1994.

4 Paula Erinnerungen III.

5 Archiv Elbert.

6 Erinnerungen Paula I.

7 Stöckardt, Julius Adolph, Schule der Chemie oder erste Unterricht in der Chemie, versinnlicht durch einfache Versuche. Braunschweig 1846 (20 Auflagen).

8 Paula Erinnerungen II.

9 Köpcke 1889 (1).

10 Paula Erinnerungen I.

11 Paula Erinnerungen I. – August Ritter (1826–1908), 1855 bis 1869 Lehrer und Professor am Polytechnikum Hannover, dann Aachen. „Seit den späten 1870er und 1880er Jahren entwickelte Ritter die erste umfassende Theorie des Aufbaus und der Entwicklung der Sterne, für die ihm die wissenschaftliche Anerkennung versagt blieb." (Kurrer 2003², S. 488), 1903 Dr.-Ing. e.h. der TH Dresden.

12 Paula Erinnerungen II.

13 Georg Christian Lasius (1835–1928) hatte am Polytechnikum in Hannover und Zürich bei G. Semper studiert und lehrte bis 1923 am Eidgenössischen Polytechnikum (ETH) Baukonstruktionslehre und architektonisches Zeichnen.

14 Paula Erinnerungen I.

15 With, Christopher B., Adolph Menzel und die Berliner Nationalgalerie, in: Adolph Menzel (1815–1905). Das Labyrinth der Wirklichkeit, (Ausstellungskatalog) Berlin 1997, S. 540.

16 Siehe auch: Forster-Hahn, Françoise, Adolph Menzels „Eisenwalzwerk": Kunst im Konflikt zwischen Tradition und sozialer Wirklichkeit, in: Die nützlichen Künste, (Ausstellungskatalog) Berlin 1981, S. 122 ff.

17 Stier, Hubert, Berliner Neubauten. Die Flora zu Charlottenburg bei Berlin, in: DBZ 1873, S. 172. – Die hölzerne Saaldecke überspannte eine Fläche von 22,75 x 45,18 m.

18 DBZ 1873, S. 267.

19 Brief von Johann Köpke vom 2.4.1887.

20 Brief vom 6. Juni 1888.

21 Brief vom 6. Juni 1888.

22 Nachlass Toepler, Universitätsarchiv der TU Dresden.

23 Archiv Elbert. – Das noch erhaltene Schreiben ist an „Regierungsbaumeister Wernekke" gerichtet mit einem persönlichen Dank auf der Rückseite. Hermann Paul Wernecke studierte 1867–1870 Bauingenieurwesen an der Polytechnischen Schule Dresden. Er schloss mit einer Belobigung ab.

24 Köpcke 1904.

25 Archiv Elbert.

26 Paula Erinnerungen III.

27 Archiv Elbert.

28 ZBV 1911, S. 630 f.

29 DBZ 1911, S. 810 f.

Würdigungen

179 Oskar Rassau, Bronzemedaillon von „Friederike Köpcke, geb. Lüdecking", 1902

180 Oskar Rassau, Bronzemedaillon von „C. Köpcke, Geh. Rath", 1898

Für seine Verdienste wurden Köpcke zahlreiche Orden verliehen: Im „Staatshandbuch für das Königreich Sachsen auf die Jahre 1892 und 1893" ist der Vortragende Rat Köpcke mit dem Verdienstorden, Ritter 1. Klasse (VR1), dem Albrechtsorden, Comthur 2. Klasse (AC2), und dem vom Großherzogtum Sachsen-Weimar verliehenen Hausorden der Wachsamkeit oder Weißer Falkenorden, Comthur 2. Klasse (Weim. FC2), aufgeführt.

Der SIAV, in dem er zeitweise Vorsitzender der I. Sektion und des Verwaltungsrats war, machte ihn 1896 zum Ehrenmitglied.[1] 1898,

nach Fertigstellung des Dresdner Hauptbahnhofs, einem Höhepunkt in Köpckes beruflicher Laufbahn, erhielt er den sächsischen Verdienstorden Comthur 2. Klasse (VC2). Der König verlieh ihn demjenigen, „der dem Staate nützliche Dienste geleistet, sich durch bürgerliche Tugend, Wissenschaft, Kunst und sonst ausgezeichnet" hat.[2] Die „Verleihdauer" war mit dem Aufrücken in eine höhere Ordensklasse oder dem Ableben beendet, die Orden mussten zurückgegeben werden.

Von 1898 stammt auch ein Reliefmedaillon in Bronzeguss des Bildhauers Oskar Rassau,

20,5 cm im Durchmesser, das Claus Köpcke im Halbprofil darstellt. Vier Jahre später folgte das Pendant von Friederike (Abb. 179 und 180).[3] Ob das Portrait des verdienten Technikers jedoch mit der Ordensverleihung verbunden war, ließ sich nicht ermitteln. Rassau war Schöpfer der Bronzestatue von Karl Karmarsch in Hannover, der 45 Jahre lang Direktor der späteren Technischen Hochschule seit ihrer Gründung war, sowie von plastischem Schmuck in der Johannis- und der Lukaskirche in Dresden. Das Körner-Schiller-Denkmal in Loschwitz stammt ebenfalls von ihm.

Zu offiziellen Anlässen, wie der Teilnahme an der Königlichen Tafel am 5. Februar 1900 in Dresden, hat Köpcke wohl seine Galauniform getragen (Abb. 181). Dort ist er unter der Nummer 39 der Sitzordnung aufgeführt (Abb. 182). Nur die reiche goldene Stickerei der Uniform ist erhalten, der schwarze Wollstoff im Krieg zu einem Mantel umgearbeitet worden (Abb. 183).

Seinen 70. Geburtstag habe der Jubilar „in voller körperlicher und geistiger Frische … im engsten Kreise, seinem schlichten Wesen entsprechend" gefeiert, berichtet die DBZ Anfang November. Der Autor würdigt Köpckes Verdienste im Eisenbahn- und Brückenbau Sachsens.

Größte Auszeichnung für den Techniker und Wissenschaftler mag die Verleihung der Ehrendoktorwürde gewesen sein. 1899 war das zunächst nur den Universitäten vorbehaltene Promotionsrecht auch an den preußischen Technischen Hochschulen eingeführt worden. Dazu zählte ebenfalls, „die Würde eines Doktor-Ingenieurs auch Ehren halber als seltene Auszeichnung an Männer, die sich um die Förderung der technischen Wissenschaften hervorragende Dienste erworben haben, nach Massgabe der in der Promotions-Ordnung festzusetzenden Bedingungen zu verleihen."[4] Köpcke war unter den ersten. Seine ehemalige Hochschule in Hannover verlieh ihm zu seinem 70. Geburtstag, mit Datum vom 27.10.1901 den Titel „in Würdigung Ihrer hervorragenden Verdienste um die Entwicklung des Bau-Ingenieurwesens".[5] Die Akten des Universitätsarchivs Hannover enthalten außerdem eine Auflistung von 49 „litterarischen" Arbeiten Köpckes, seinen Lebenslauf mit weiteren Ehrungen: seine Ernennung zum Geheimen Rat, zum außerordentlichen Mitglied der preußischen Akademie des Bauwesens und die Aufnahme in den Rat der Gehe-Stiftung. Sein Dankschreiben an Rektor und Senat vom 1. November ist dort ebenfalls erhalten.

Nach über 30 Dienstjahren bei der sächsischen Finanzbehörde schied Köpcke im März 1903 im Alter von fast 72 Jahren aus dem Berufsleben aus, geehrt mit dem Albrechtsorden Komtur 1. Klasse (AK1). Auch das „Dresdner Journal" würdigt ihn aus diesem Anlass.[6]

181 Albert, König von Sachsen (1828 / 1873 – 1902)

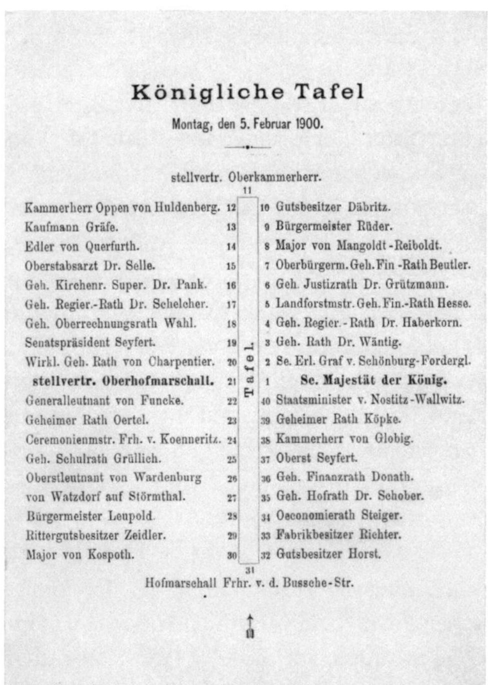

Königliche Tafel

Montag, den 5. Februar 1900.

stellvertr. Oberkammerherr.

		11	
Kammerherr Oppen von Huldenberg.	12	10	Gutsbesitzer Däbritz.
Kaufmann Gräfe.	13	9	Bürgermeister Rüder.
Edler von Querfurth.	14	8	Major von Mangoldt - Reiboldt.
Oberstabsarzt Dr. Selle.	15	7	Oberbürgerm. Geh. Fin -Rath Beutler.
Geh. Kirchenr. Super. Dr. Pank.	16	6	Geh. Justizrath Dr. Grützmann.
Geh. Regier.-Rath Dr. Schelcher.	17	5	Landforstmstr. Geh. Fin.-Rath Hesse.
Geh. Oberrechnungsrath Wahl.	18	4	Geh. Regier. - Rath Dr. Haberkorn.
Senatspräsident Seyfert.	19	3	Geh. Rath Dr. Wäntig.
Wirkl. Geh. Rath von Charpentier.	20	2	Se. Erl. Graf v. Schönburg-Fordergl.
stellvertr. Oberhofmarschall.	21	1	**Se. Majestät der König.**
Generalleutnant von Funcke.	22	40	Staatsminister v. Nostitz-Wallwitz.
Geheimer Rath Oertel.	23	39	Geheimer Rath Köpke.
Ceremonienmstr. Frh. v. Koenneritz.	24	38	Kammerherr von Globig.
Geh. Schulrath Grüllich.	25	37	Oberst Seyfert.
Oberstleutnant von Wardenburg	26	36	Geh. Finanzrath Donath.
von Watzdorf auf Störmthal.	27	35	Geh. Hofrath Dr. Schober.
Bürgermeister Leupold.	28	34	Oeconomierath Steiger.
Rittergutsbesitzer Zeidler.	29	33	Fabrikbesitzer Richter.
Major von Kospoth.	30	32	Gutsbesitzer Horst.
		31	

Hofmarschall Frhr. v. d. Bussche-Str.

182 Sitzordnung an der Königlichen Tafel, „Geheimer
Rath Köpke" auf Platz 39, 5. Februar 1900

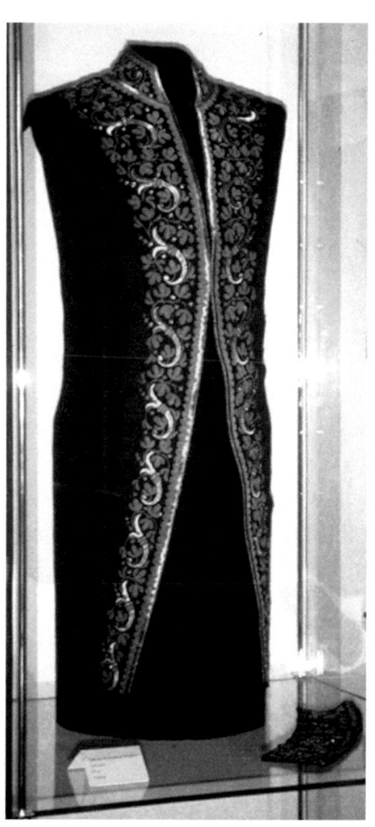

183 Köpckes Galauniform, Fragment, Ausstellung
Stadtmuseum Dresden, 1993

Dresden, den 4. November 1911.

Für die Beweise treuen Gedenkens und freundschaftlicher Anteilnahme, durch welche ich an meinem 80ten Geburtstage sowie anläßlich der mir verliehenen Auszeichnung hoch erfreut worden bin, spreche ich hierdurch von ganzem Herzen meinen wärmsten Dank aus.

Dr. ing. C. Köpcke
Wirklicher Geheimer Rat.

184 Dankschreiben, 4. November 1911

Zu seinem 80. Geburtstag am 28. Oktober 1911 wurde er mit Titel und Rang als Wirklicher Geheimer Rat mit dem Prädikat Exzellenz ausgezeichnet, „als einem der hervorragendsten Vertreter des Ingenieurwesens Sachsens" (Abb. 184).[7]

Noch bis 1927 ist Claus Köpcke in Meyers Konversationslexikon verzeichnet, dann nicht mehr, doch sind die Bahnhofsanlagen, Schmalspurbahnen, Brücken und Glockenstühle bis heute noch sichtbare Zeugnisse seines Wirkens. Sie wurden verändert und modernisiert, aber auch zerstört und wieder aufgebaut.

1946 wurde die Asterstraße vor dem Finanzministerium in Köpcke-Straße umbenannt (Abb. 185). Das „Blaue Wunder" entging kurz vor Kriegsende der Sprengung. Die Brücke ist den Dresdnern ans Herz gewachsen und wird als Verkehrsbau und Denkmal ständig unterhalten. Das dritte Elbhangfest 1893 hatte den 100. Geburtstag des Blauen Wun-

185 Köpckestraße, Dresden, 2011

186 Das „Blaue Wunder", Briefmarke, 2000

187 „Claus-Köpcke-Preis", 2009

ders zum Thema. Zur Eröffnung wurde die restaurierte Brücke einer symbolischen erneuten Belastungsprobe unterzogen. Eine Briefmarke erschien im Jahr 2000 (Abb. 186). Für den Oschütztal-Viadukt, seit 1983 stillgelegt und als technisches Denkmal unter Schutz gestellt, setzt sich eine Bürgerinitiative in Weida ein. Der Markersbacher Viadukt wurde restauriert, wird aber nur noch selten befahren. Tafeln erinnern an die Erbauer.

Einige von Köpckes Glockenstühlen haben mehr als 100 Jahre überdauert, andere wurden im letzten Krieg zerstört. Die Katharinenkirche in Osnabrück, die Gertrudenkirche in Hamburg und die Lukaskirche in Dresden besitzen noch heute erkennbar ihre ursprünglichen, wenn auch umgebauten Glockenstühle. Wenn auch heute aus akustischen Gründen wieder hölzerne Glockenstühle vorgezogen werden, bleibt die Erhal-

Urenkelin, 2011

tung der eisernen als Zeugnisse der Technikgeschichte wichtige denkmalpflegerische
Aufgabe.

Bis in die Nachkriegszeit waren auch die
Schmalspurbahnen weitgehend in Betrieb,
der wachsende Autoverkehr führte dann
zur Stilllegung vieler Strecken. Durch den
ehrenamtlichen und unermüdlichen Einsatz
zahlreicher Vereine konnten einige Strecken
gerettet werden. Tourismus, Film und Fern-
sehen haben die „Traditions-Bahnen" längst
entdeckt, „Kleinbahn-" und „Lokfeste", finden inzwischen großen Zuspruch.

Seit 2003 verleiht der Verein zur Förderung
Sächsischer Schmalspurbahnen (VSSB) all-
jährlich den „Claus-Köpcke-Preis" (Abb. 187).
Das 125. Jubiläum der sächsischen Schmalspurbahnen 2006 wurde mit einem Festakt
eingeleitet, dem viele Veranstaltungen folgten, darunter der Aufruf zum Nachbau einer
historischen Lokomotive der Baureihe I K.
Das ist mit Helfern und Spendern geschehen.

---

1 Vgl. Raboldt 1970, S. 493.

2 SHStA, FM 4284 Ordensangelegenheiten, S. 154.

3 Siehe auch: Mundhenke 1988, Matrikel 3204. Oskar
Rassau (1843–1912) stammte aus Hannover und war von
1858 bis 1864 an der Polytechnischen Schule Hannover
für Bossieren und Baugeschichte immatrikuliert.

4 Programm der Königlichen Technischen Hochschule zu
Hannover für das Studien-Jahr 1900–1901, Hannover
1901, S. 32 f. u. 1901–1902, S. 36.

5 Universitätsarchiv Hannover, Abth. III No 37 spec.:
„Königl. Technische Hochschule zu Hannover. Akten
betreffend die Verleihungen eines Doktor-Ingenieurs
Ehren halber 1900–1916".

6 Archiv Elbert.

7 Dresdner Nachrichten vom 29. Okt. 1911.

Anhang

Lebensdaten

1831	28. Oktober	geboren in Borstel an der Unterelbe, Altes Land, als ältester Sohn des Schiffers Johann Köpke und dessen Frau Metta, geb. Kruse
1847	1. April	Konfirmation; Abschluss der Grundschule in Borstel; Privatunterricht in Latein, Französisch und Zeichnen; Vorbereitung auf das Gymnasium in Stade
1848	Ostern – 29. September	Besuch der „Secunda" des Gymnasiums in Stade
	1. Oktober	Studienbeginn an der Polytechnischen Schule in Hannover
1853	März – Juni	erste Staatsprüfung; Anstellung bei der Kgl. Hannoverschen Eisenbahnverwaltung
	17. September	Vereidigung als „Ingenieur-Assistent" in Dransfeld bei Göttingen
1854	Oktober	Beschäftigung in Harburg
1856		Mitglied des Architekten- und Ingenieur-Vereins Hannover
1857		„Ingenieur" in Leer
1858		zweite Staatsprüfung; Ernennung zum „Bauconducteur"
1859		Anstellung im technischen Bureau der Kgl. General Direktion der Eisenbahnen in Hannover; Reisestipendium für England, Frankreich, Belgien und Holland, wegen Krankheit abgebrochen
1860		„Eisenbahnbau-Conducteur" in Geestemünde
1862		„Hilfsarbeiter" bei der Kgl. General-Direktion der Eisenbahnen in Hannover
1863	3. Februar	„Hülfs-Redakteur" bei der ZAIVH
		Repetitor an der Polytechn. Schule Hannover WS 63/64, 64/65, 65/66

1865	1. Januar	Redakteur bei der ZAIVH
		„Eisenbahn-Bau-Inspector"; Vorstand des technischen Büros der Kgl. General-Direktion der Eisenbahnen
	4. Juli	Verlobung mit Friederike Maria Gertraude Lüdeking, Tochter des „Königl. Hannöverschen Legations-Canzlisten bei der Hohen Bundestags-Gesandtschaft" in Frankfurt am Main a. D. Georg Ernst Gottfried Lüdeking und Johanna Christiane, geb. Heß
1866	24. Mai	Hochzeit mit Friederike Lüdeking
1867	16. März	Geburt der Tochter Paula
1868	Dezember	Versetzung ins technische Eisenbahnbüro des Kgl. Preußischen Handelsministeriums in Berlin
1869	6. Februar	Mitglied des Architekten-Vereins in Berlin
	9. Februar	Mitglied des Vereins für Eisenbahnkunde in Berlin
	März	Ruf als Professor für Straßen-, Wasser- und Eisenbahnbau an die Kgl. Polytechnische Schule in Dresden
	13. Juli	Vereidigung; Ernennung zum Regierungsrat; Mitglied des technischen Oberprüfungsamts; Umzug nach Dresden
1870		Vorstand der Ingenieurabteilung der Kgl. Polytechn. Schule
1871	30. Juli	Mitglied des Sächsischen Ingenieur- und Architekten-Vereins in Dresden
1872	5. Februar	Geburt des Sohns Otto
	1. August	Ausscheiden aus dem Polytechnikum; Wechsel ans Kgl. Sächsische Finanzministerium
		Ernennung zum Geh. Finanzrat; Mitglied der Kommission für die Staatsprüfung der Techniker
1877	31. Mai	Mitglied der naturwissenschaftlichen Gesellschaft „ISIS" in Dresden

1878		Vorsitz der I. Sektion des SIAV
1880	15. Januar	Geburt der Tochter Irene
	November	Ernennung zum außerordentlichen Mitglied der Kgl. Preußischen Akademie des Bauwesens
1882	Sommer	Reise nach England
1889	Oktober	Reise nach England
1893	August	Reise nach Chicago zur Weltausstellung
		Ernennung zum Geheimen Rat
1894	28. April	Mitglied des Stiftungsrats der Gehe-Stiftung
1896	10. Mai	Ehrenmitglied des SIAV
1901	27. Oktober	Ernennung zum „Doktor-Ingenieur Ehrenhalber" durch die Kgl. Technische Hochschule in Hannover
1903	1. April	Ausscheiden aus dem Staatsdienst
1911	21. November	gestorben in Dresden, beigesetzt auf dem Urnenfriedhof in Dresden-Tolkewitz

Werkverzeichnis

Entwürfe, Patente, Gutachten und Bauten*

1853–1854
Mitarbeit an der Planung der Bahnstrecke Göttingen-Kassel

1854–1857
Mitarbeit an Hafen- und Speicherbau in Harburg; Bau der Schleuse und des Hafens in Leer

1857/58
Theoretische Arbeiten über Brücken; Entwurf einer versteiften Hängebrücke mit drei Gelenken

ab 1859
Kostenvoranschlag für den Speicher und Bauleitung der Ingenieurbauten am Hafen in Geestemünde

1864
Hölzerner Glockenstuhl der Christuskirche in Hannover nach Vorschlag Köpckes (Architekt: Hase)

1869
Eiserner Glockenstuhl der Katharinenkirche in Osnabrück

1870
(mit Chemiker Stein) Gutachten für den Friedhof in Tharandt

1874
Berechnung von Deckenträgern des Polytechnikums in Dresden (Architekt: Heyn)

1876
Eiserner Glockenstuhl der Christophoruskirche in Neuenkirchen bei Osnabrück

1876–1878
Eisenbahn- und Straßenbrücke über die Elbe bei Riesa

1878
Gutachten zur Feldabahn im Großherzogtum Sachsen-Weimar-Eisenach

1879
Baubeginn des sächsischen Schmalspurnetzes

ab 1880
Einbau von Steingelenken bei Brücken der Strecken Pirna–Berggiesshübel, Hainsberg–Kipsdorf und der Eisenbahn-Marienbrücke in Dresden

vor 1885
Eiserner Glockenstuhl der Gertrudenkirche in Hamburg (Architekt: Otzen)

vor 1886
Eiserner Glockenstuhl der Jakobikirche in Kiel (Architekt: Otzen)

1884
Oschütztal-Viadukt der Strecke Mehltheuer–Weida in Weida (Entwurf: Krüger)

vor 1888
Eiserner Glockenstuhl der Heilig-Kreuz Kirche in Berlin (Architekt: Otzen)

1888–1890
(mit Otto Klette) Planung der Dresdner Bahnhofsanlagen mit Hafen

---

* Das Werkverzeichnis enthält auch Objekte, die in die Verantwortung Köpckes jeweiliger Dienstellung fielen. Der Nachweis unmittelbaren Einwirkens lässt sich daher nicht immer führen.

1889

Markersbacher Viadukt der Strecke Annaberg-Schwarzenberg (Entwurf: Krüger)

1891–1993

(mit Krüger) Loschwitz-Blasewitzer Elbbrücke, das „Blaue Wunder"

1891

Patent Nr. 65 623 vom 24. Nov. „Sandgleise zum stoßfreien Aufhalten von Eisenbahnzügen", weitere Patente in Österreich und Ungarn

1894

(mit Goering und v. Borries) Gutachten „Hochliegende Stadtbahn Elberfeld–Barmen über der Wupper mit elektrischem Betriebe. Begutachtung der beiden zur Zeit vorliegenden Entwürfe: Standbahn (Siemens & Halske). Schwebebahn (Eugen Langen)", Berlin, 22. Sept.

1898

Patent Nr. 105 250 vom 25. Feb. „Glockenaufhängung"

1898–1901

Eisenbahn-Marienbrücke über die Elbe in Dresden (Entwurf: Krüger)

1902

Eiserner Glockenstuhl der Lukaskirche in Dresden (Architekt: Weidenbach)

1902

(mit Goering und v. Borries) „Gutachten über die Langen'sche Einschienige Schwebebahn Barmen–Elberfeld–Vohwinkel der Continentalen Gesellschaft für elektrische Unternehmungen Nürnberg", Dresden, Berlin, Hannover, Mai

1907

(mit Bierling) Patent Nr. 198 351 vom 19. März „Glocke, deren Klöppel mit einem Gegengewicht versehen ist", 1909 Patent Nr. 38 237 in Österreich

Artikel und Vorträge

1856

Ueber die Dimensionen von Balkenlagen, besonders in Lagerhäusern, in: ZAIVH 2 (1856), Sp. 283-304, 397-422, Bl. 46.

1857

Praktische Beispiele zur Festigkeits-Theorie, mit Tabellen über die Dimensionen von Balken und Trägern bei verschiedener Belastung, in: ZAIVH 3 (1857), Sp. 189-208.

1858

(1) Versuch einer Theorie der sogenannten „Abscheerungsfestigkeit" und Anwendung derselben auf Brückenträger, in: ZAIVH 4 (1858), Sp. 225-268.

(2) Ueber Träger von gleichem Widerstande, insbesondere die Anwendung derselben zu Brücken durch den Königl. Hannoverschen Ober-Hof-Baudirector Laves und den Königl. Bayerischen Director Pauli, in: ZAIVH 4 (1858) Sp. 292-310, Bl. 113-114.

1860

(1) Die steuerfreie Niederlage zu Harburg, in: ZAIVH 6 (1860), Sp. 222-322, Bl. 168-174.

(2) Ueber die Construction einer steifen Hängebrücke, in: ZAIVH 6 (1860), Sp. 346-354. – (engl. Übersetzung) On the construction of a rigid suspension bridge, in: The Civil Engineer and Architect's Journal, Jan. 1, 1861, p. 6-8.

1861

Project einer steifen Hängebrücke, in: ZAIVH 7 (1861), Sp. 231-261, Bl. 199.

1863

Die Bahnhofshalle zu Antwerpen, in: ZAIVH 9 (1863), Sp. 242-244, Bl. 259.

1864

(1) Ueber die Festigkeit eingedrehter Achsen, in: ZAIVH 10 (1864), Sp. 220-224.

(2) Pfeilerfundierung für Eisenbahnbrücken in Indien (Nach den Proceedings of the Institution of mechanical Engineers 1863), in: ZAIVH 10 (1864), Sp. 272-278, Bl. 285.

(3) Heizung und Ventilation der St. Georgs-Halle in Liverpool; nach den Proceedings of the Institution of Mechanical-Engineers, in: ZAIVH 10 (1864), Sp. 503-509, Bl. 305.

(4) Ueber die Stossverbindungen der Schienengestänge, in: Organ 1 (1864), S. 2-5.

1865

(1) Ueber den Bau eiserner Brücken, in: ZAIVH 11 (1865), Sp. 71-82.

(2) Ausstellungsgebäude und Wintergarten zu Dublin (aus „Builder", April 1865), in: ZAIVH 11 (1865), Sp. 255-258, Bl. 327.

1867

Die Wasserleitung für den Hafen und Bahnhof in Geestemünde, in: ZAIVH 13 (1867), Sp. 95-106, Bl. 371-372.

1868

(1) Technische Mittheilungen über Paris […], in: ZAIVH 14 (1868), Sp. 11.

(2) Ueber das Psychrometer von August, in: ZAIVH 14 (1868), Sp. 357.

(3) Ueber Eisenbahn-Brücken von großer Spannweite, (Vortrag gehalten auf der 15. Versammlung deutscher Architekten und Ingenieure zu Hamburg 1868) Auszug in: DBZ 2 (1868), S. 444.

1869

(1) Ueber eine Ueberlade-Vorrichtung auf dem Güterbahnhofe in Manchester, in: ZfB 19 (1869), Sp. 479-482.

(2) Ueber die Kompression von Körpern mit gekrümmten Oberflächen, in: DBZ 3 (1869), S. 120-121.

1871

(1) Ueber Rangiren mit Benutzung eines ansteigenden Ausziehgleises, in: Organ 8 (1871), S. 60-62.

(2) Ueber die abgekürzte Bezeichnung der Metermaassgrössen, in: DBZ 5 (1871), S. 332-333.

(3) Ueber eiserne Glockenstühle, in: Protokolle SIAV (1871), S. 58-68, T. 2.

(4) Ueber die Entwickelung des Transportwesens in der neueren Zeit mit speziellem Eingehen auf den Personenverkehr (Festvortrag zum 70. Geburtstag des Königs am 12. 12. 1871, gehalten in der Polytechnischen Schule).

1874

Ueber den Gebrauch des Amsler'schen Momentenplanimeters zur Cubicirung von Dämmen und Einschnitten, in: Organ 11 (1874), S. 171-172.

1877

(1) Statistisches zur Lokalbahnfrage, in: ZAIVH 23 (1877), Sp. 601-616, Bl. 725.

(2) Die Messung von Bewegungen an Bauwerken mittels der Libelle, in: Civ 23 (1877), Sp. 379-392, T. 17 (aus den Protokollen der 89. Hauptversammlung des SIAV).

(3) Die Messung von Bewegungen an Bauwerken mittels der Libelle, in: MSIAV (1877), S. 31-38, T. 2 (92. Hauptversammlung des SIAV, Vortrag mit weiteren Ergebnissen).

1879

(1) Mittheilungen über die Riesaer Elbbrücke, in: MSIAV (1879), S. 12-19. T. 1. – (engl. Kurzfassung) Road and Railway Bridges over the Elbe at Riesa, in: MPICE Vol. LX, 1879, p. 423-425. – (Vortrag) Herzmansky, Richard, Ueber die Eisen-Construction der neuen Elbebrücke bei Riesa in Sachsen, in: Wochenschrift des Österreichischen Ingenieur- und Architekten-Vereins, 1880, S. 94-96.

(2) Mittheilungen über die Construction und Stabilitätsverhältnisse eines auf dem Thurme der Kirche zu Neuenkirchen bei Osnabrück in Ausführung gebrachten eisernen Glockenstuhles, in: MSIAV (1879), S. 132-135, T. 8.

1882

Ueber die Definition des Elastizitätsmoduls, in: DBZ 16 (1882), S. 164, 460-461.

1883

(1) (mit Bergmann, von Lilienstern) Die Anlage von Schmalspurbahnen in Sachsen und die Wilkau-Kirchberger Eisenbahn, in: Jahrbuch 1 (1883), Sp. 25-42. – (engl. Kurzfassung) The Wilkau-Kirchberg Narrow-gauge Railway in Saxony, in: MPICE Vol. LXXII, 1883, p. 377.

(2) Die gemischte Spur, in: Jahrbuch 1 (1883), Sp. 49-56, Taf. 1-3.

1884

Glockenstühle, in: Handbuch der Architektur, Theil III, Bd. 6, Stuttgart 1884, S. 47-65.

1885

(1) Ueber Reliefs und Relief-Photogramme, in: Civ 31 (1885), Sp. 1-4, T. 1.

(2) Ueber die Beseitigung der Schwankungen an einer Hängebrücke, in: DBZ 19 (1885), S. 163-167.

1886

(1) Ueber die Schwingungs-Erscheinungen an Trägern, in: DBZ 20 (1886), S. 549.

(2) (mit Pressler) Die neuesten Schmalspurbahnen in Sachsen,
I. Döbeln-Mügeln-Oschatz, in: Civ 31 (1885), Sp. 561-574, T. 32-35.
II. Zittau-Reichenau-Markersdorf, Die Kipperbrücke (M. Krüger), in: Civ 32 (1886), Sp. 51-72. T. 3-7.
III. Klotzsche-Königsbrück, in: Civ 32 (1886), Sp. 131-148, T. 8-11.
IV. Radebeul-Radeburg, in: Civ 32 (1886), Sp. 161-180, T. 8, 12, 13. – (engl. Kurzfassung) The most-recently-constructed narrow-gauge railways in Saxony, in: MPICE Vol. LXXXV, 1886, p. 438-441, Vol. LXXXVI, p. 414-415.

1887

Ueber die Höhenlage von Strassenlaternen, in: Civ 33 (1887), Sp. 69-74.

1888

(1) Ueber Hängebrücken mit drei Gelenken, in: ZAIVH 34 (1888), Sp. 29-34.

(2) Ueber die Verwendung von drei Gelenken in Steingewölben, in: ZAIVH 34 (1888), Sp. 373-380.

1889

(1) Ueber den Einfluss der Schwerkraft, in: Civ 35 (1889), Sp. 153-160.

(2) Ueber Gelenk-Bildungen für Brückenträger, in: Civ 35 (1889), Sp. 167-172.

(3) Ueber Steinbauten unter Eisenbahngeleisen, in: Civ 35 (1889), Sp. 269-280.

(4) Ueber die Anwendung von Federn bei Gelenkbrücken, in: Civ 35 (1889), Sp. 331-333.

1890

(1) Mittheilungen über die Vollendung der Forthbrücke (aus der Zeitschrift „The Scotsman"), in: Civ 36 (1890), Sp. 378-379.

(2) Mittheilungen aus dem Bereiche des englischen Eisenbahnwesens, in: Civ 36 (1890), Sp. 391- 404, T. 23-25.

1891

(1) Ueber Eisen und Stein im Brückenbau, in: (mit Pressler und Krüger) Die normalspurige Sekundärbahn Annaberg-Schwarzenberg und der eiserne Gerüstpfeiler-Viadukt Mittweida, in: Civ 37 (1891), Sp. 305-332, T. 19-22.

(2) Glockenstühle, in: Handbuch der Architektur, Theil III, Bd. 6, Stuttgart 1891² (2. erweiterte Auflage), S. 53-77.

1892

(1) Neue Strassenbahn mit Güterbeförderung in Mülhausen i/E, in: Civ 38 (1892), Sp. 33-34.

(2) (mit Hartig) Versuche über das Verhalten des Flusseisens und Flussstahles in grosser Kälte, in: Civ 38 (1892), Sp. 207-214, T. 7. – (engl. Kurzfassung) Experiments on the effects of very low temperatures on the strength of iron and steel, in: MPICE Vol. CIX, 1892, p. 475.

1893

(1) Der Loschwitz-Blasewitzer Brückenbau. Vortrag
gehalten am 13. April 1893, in: Sitzungsberich-
te und Abhandlungen der naturwissenschaftlichen Gesellschaft ISIS in Dresden, Jg. 1892-94,
S. 86-89.

(2) Sandgleise zum stossfreien Aufhalten von
Eisenbahnzügen, in: Civ 39 (1893), Sp. 55-66.

1894

Mittheilungen über einen Besuch der Chicagoer
Weltausstellung, in: Civ 40 (1894), Sp. 204-207.

1895

(1) Ueber Strassenbahnen, in: Civ 41 (1895), Sp.
103-106.

(2) Beschreibung der Cairobrücke über den Ohio,
in: Civ 41 (1895), Sp. 190-191.

(3) Behebung von Schwingungen eiserner Brücken
[…], Rauchbretter in englischen Bahnhofshallen, in: Civ 41 (1895), Sp. 360.

(4) Die Brückenbremse, in: DBZ 29 (1895), S. 311-
313.

1896

Gewölbte Brücken mit 3 Gelenken, in: ZAIVH 42
(1896), Sp. 257-260.

1897

(1) Anlage und Betrieb der städtischen Güterbah-
nen in Augsburg und in Forst in der Lausitz, in:
ZAIW 43 (1897), Sp. 89-90.

(2) Ueber die Urheberschaft der Dresdener Bahnhofsbauten, in: DBZ 31 (1897), S. 599-600.

1898

Die Bahnhofsanlagen in Dresden, in: ZVDI 42
(1898), S. 1129-1137, T. 13-14.

1899

Sicherung der Eisenbahnzüge (Sandgleis), in: DBZ
35 (1899), S. 210–211.

1904

(1) Glockenstühle, in: Handbuch der Architektur,
Theil III, Bd. 6, Stuttgart 1904³ (3. erweiterte
Auflage), S. 79-108.

(2) Wilhelm Launhardt, in: ZAIW 50 (1904), Sp.
443-446.

1911

Ueber Sandgleise, in: ZVDEV 51 (1911), S. 105-107,
121-124 u. (Sonderdruck) Deutsche Strassen- und
Kleinbahn-Zeitung 24 (1811), S. I-VI.

Literatur

(Auswahl)

Adressbuch der Königlichen Haupt- und Residenzstadt Hannover

Adressbuch der Königlichen Residenz- und Hauptstadt Dresden

Aspekte der Gründerzeit 1870–1890, (Ausstellungskatalog) Berlin 1974

Banse, Gerhard/Wolgast, Siegfried, Biographien bedeutender Techniker, Berlin 1987

Bardua, Sven, Brückenmetropole Hamburg. Baukunst, Technik, Geschichte bis 1945, (Ausstellungskatalog) München-Hamburg 2009

Berger, Manfred, Historische Bahnhofsbauten, Bd. 2, Berlin 1987

Die Bergschwebebahn Loschwitz, in: Uhland's Verkehrszeitung 15 (1901), S. 175-176

Beutelspacher 1903: Ernst Beutelspacher & Co., Album von Dresden und der Sächsischen Schweiz, Dresden 1903

Beyer, Peter, 150 Jahre Göltzschtal- und Elstertalbrücke im sächsischen Vogtland 1851–2001, Plauen 2001, 2004²

Biographisches Jahrbuch und Deutscher Nekrolog 16 (1911)

Buddensieg, Tilmann/Rogge Henning (Hrsg.), Die nützlichen Künste. Gestaltende Technik und Bildende Kunst seit der Industriellen Revolution, (Ausstellungskatalog zum 125-jährigen Jubiläum des VDI) Berlin 1981

Bufe, Siegfried, Straßenbahnen in Schlesien. Ostdeutsche Straßenbahngeschichte, Bd. 3, Egglham 1992

Bund Deutscher Architekten BDA, Deutsche Bahn AG, u. a. (Hrsg.), Renaissance der Bahnhöfe. Die Stadt im 21. Jahrhundert, (Ausstellungskatalog) Eutin 1996

Canzler/Hauschild/Neumann 1878: Canzler, Adolph/Hauschild, Alfred/Neumann, Ludwig, Die Bauten, technischen und industriellen Anlagen von Dresden, hrsg. vom Sächs. Ingenieur- und Architektenverein und vom Dresdner Architektenverein, Dresden 1878

Columbische Weltausstellung in Chicago. Amtlicher Katalog der Ausstellung des Deutschen Reiches, Berlin 1893

Conrad, Dietrich, Ein Beitrag zur Geschichte des Eisenbahnbrückenbaues, in: Wissenschaftliche Zeitschrift der Hochschule für Verkehrswesen „Friedrich List" in Dresden, 13 (1966), S. 155-163

Conrad, Dietrich/Hänseroth, Thomas/Mauersberger, Klaus (Hrsg.), Johann Andreas Schubert. Ein sächsischer Lehrer und Ingenieur, (Ausstellungskatalog) Dresden 1995

Conrad, Dietrich/Hänseroth, Thomas/Mauersberger, Klaus, u. a., Johann Andreas Schubert 19. März 1808 – 6. Oktober 1870. Ein sächsischer Lehrer und Ingenieur, (Ausstellungskatalog zum 125. Todestag) Dresden 1995

Conrad, Dietrich, Die Dresdner Bahnhöfe, in: Dresdner Geschichtsbuch, Bd. 2, Altenburg 1996, S. 114-128

Ders., Claus Köpcke. Bauingenieur und Wissenschaftler, Dresden 2010

DB Station & Service AG (Hrsg.), Hundert Jahre Bahnhof Dresden-Neustadt 1901–2001, Dresden 2001

Dewitz, Bodo von/Heufelder, Jochen, Unter Schienen schweben. Photographien vom Bau der Schwebebahn in Wuppertal vor 100 Jahren, (Ausstellungskatalog) Göttingen 1999

Dresdner Verkehrsbetriebe AG (Hrsg.), 120 Jahre Straßenbahn in Dresden, Dresden 1992

Dies., Die erste Bergschwebebahn der Welt, Dresden 1991

Eiselen, Fritz, Die Umgestaltung der Bahnanlagen in Dresden, in: DBZ 30 (1896), S. 285-287, S. 301-303, 309-311, Abb. S. 305

Eisenbahn und Denkmalpflege (1. Symposium 2.–4. April 1990), in: ICOMOS, Hefte des Deutschen Nationalkomitees IV., München o. J.

Elbert, Claudia, Claus Köpcke, der Vater des „Blauen Wunders". Erinnerungen seiner Tochter Paula Köpcke, in: Der Elbhangkurier 12 (1993), S. 6-7, u. 1 (1994), S. 6-7

Festschrift 1896: Festschrift über die Tätigkeit des Vereins Deutscher Eisenbahn-Verwaltungen [...] 1846–1896, Berlin 1896

Festschrift 1983: Bundesbahndirektion Hannover (Hrsg.), 1843-1983. 140 Jahre Eisenbahndirektion Hannover, Hannover 1983

Festschrift 1998: Conrad, Dietrich/Kluge, Wolfram/John, Martina, Hundert Jahre Dresdner Hauptbahnhof 1898–1998, Verkehrsmuseum Dresden, Dresden 1998

Findlay, George, The Working and Management of an English Railway, London 1889

Foerster, Max, Die Halle des Hauptbahnhofes zu Dresden-Altstadt, in: Bauingenieur-Zeitung 1 (1900), S. 24-27, 34-35

Funk, Adolph/Debo, Ludwig, Die Eisenbahnen im Königreiche Hannover [...], in: Allgemeine Bauzeitung 16 (1851), S. 213-289, Bl. 400-428

Funk, Adolph, Das Verwaltungsgebäude der Königlichen General-Direktion der Eisenbahnen und Telegraphen zu Hannover, in: ZAIVH 12 (1866), Sp. 443 ff., Bl. 363-365

Gehler, Willy, Die Bauingenieurabteilung, in: Ein Jahrhundert Sächsische Technische Hochschule 1828–1928. Festschrift zur Jahrhundertfeier, Dresden 1928

Graefe, Rainer (Hrsg.), Zur Geschichte des Konstruierens, Stuttgart 1989

Grieshammer, Ralf, Riesaer Elbbrücken. Aus der geschichtlichen Entwicklung, Riesa 1985

Grosch, Gustav E., Der Bau des neuen Verkehrs- und Winterhafens – König Albert-Hafens – in Dresden-Friedrichstadt, in: ZAIW 43 (1897), Sp. 1-30, Bl. 1-4

Haenel, Erich/Kalkschmidt, Eugen (Hrsg.), Das alte Dresden. Bilder und Dokumente, Bindlach 1995 (Nachdruck)

Hassenstein, Reinhardt/Minga, Jörg, 125 Jahre AKN [Altona-Kaltenkirchen-Neumünster] Eisenbahn AG 1883–2008, Hamburg 2008

Haufe, Fritz/Säckel, Rolf, 100 Jahre „Blaues Wunder". Zur Geschichte der Loschwitz-Blasewitzer Brücke, in: Dresdner Hefte 34, 11 (1993), S. 5-13

Haußen Ulf/Haußen, Waldemar, Die Feldabahn, erste meterspurige Eisenbahn in Deutschland, Egglham 1993

Heidrich, Martin, Ergänzungen zu Claus Köpcke, (Typoskript) Verkehrsmuseum Dresden 1992

Heinrich, Fritz, Zum 100-jährigen Jubiläum des Alberthafens Dresden-Friedrichstadt, in: Sächsische Zeitung vom 7. u. 14.7.1995

Heinzerling 1868: Heinzerling, Friedrich, Historische Übersicht über die Anwendung des Eisens zu Brückenbauten und deren Ergebnisse für die Wahl ihres Konstruktionssystems und Eisenmaterials, in: Allgemeine Bauzeitung 33 (1868), S. 67-95

Helas, Volker, Architektur in Dresden 1800–1900, Dresden 1991[3]

Helas, Volker/Zadnicek, Franz/Griebel, Matthias, Das Blaue Wunder, Die Geschichte der Elbbrücke zwischen Loschwitz und Blasewitz in Dresden, Halle 1995

Hirsch, Ernst/Griebel, Matthias/Herre, Volkmar (Hrsg.), August Kotzsch 1836–1910. Von den Anfängen der Photographie in Loschwitz bei Dresden, Dresden 1986, Amsterdam 1991[2]

Hof- und Staats-Handbuch für das Königreich Hannover

Hostmann 1881: Hostmann, Wilhelm, Bau und Betrieb der Schmalspurbahnen und deren volkswirthschaftliche Bedeutung für das deutsche Reich, Wiesbaden 1881

Ders., Die Feldabahn, Eisenach 1879

Ders., Rückblicke auf die Feldabahn (1877–1893), in: Zeitschrift 13 (1894)

Ders.: Die wirthschaftliche Erschliessung des Riesen- und Isergebirges, in: Zeitschrift 16 (1897), S. 1-9; 17 (1898) S. 1-8, 80-83; 18 (1899), S. 55-56

Kall, C., St. Gertrud in Hamburg, Hamburg 1888

Karmarsch 1848: Karmarsch, Karl, Die Polytechnische Schule zu Hannover, Hannover 1848

Karmarsch 1856: ders., Die Polytechnische Schule zu Hannover, Hannover 1856

Kasper, Klaus Christian (Hrsg.), Die Riesengebirgsbahn, Bonn-Oberkassel 2004

Kokkelink, Günther, Die Neugotik Conrad Wilhelm Hases. Eine Spielform des Historismus.
1. Teil: 1818–1859, in: Hannoversche Geschichtsblätter NF 22 (1968)

Kokkelink, Günther, Laves als Erfinder, in: Laves 1989, (Ausstellungskatalog) Hannover 1989², S. 527-554

Kokkelink/Lemke-Kokkelink 1998: Kokkelink, Günther/Lemke-Kokkelink, Monika, Baukunst in Norddeutschland. Architektur und Kunsthandwerk der Hannoverschen Schule 1850–1900, Hannover 1998

König, Wolfgang/Weber, Wolfhard, Netzwerke, Stahl und Strom, 1840–1914, in: Propyläen Technikgeschichte, Bd. 4, Frankfurt am Main – Berlin 1990

Königl. Sächs. Staatseisenbahnen (Hrsg.), Sammlung der Kostenangaben von Kunstbauten. Bearb. im Allgem. Techn. Bureau. Brücken, Tunnel, Stütz- und Futtermauern,
Bd. 1: 1880–Ende 1900, Dresden, Oktober 1911
Bd. 2: 1901–Ende 1905, Dresden, Mai 1908
Bd. 3: 1906–Ende 1910, Dresden, September 1914

Dies., Ingenieur-Hauptbureau (Hrsg), Sammlung der Kostenangaben betr. diejenigen hauptsächlichsten Baugegenstände, insbesondere der Hochbauten und Bahnhofsausrüstungen, welche [...] anlässlich des Neubaues und Umbaues von Bahnhöfen ausgeführt worden sind.
Bd. 1: 1875–1880
Bd. 2: 1880–1888
Bd. 3: 1889–1895
Bd. 4: 1896–1900
Nachtrag zu Bd. 4 [...] 1893–1902 anlässlich der Dresdner Bahnhofsbauten. Zusammengestellt im Allgem. Techn. Bureau, Dresden, im Dezember 1903

Krings 1985: Krings, Ulrich, Bahnhofsarchitektur. Deutsche Großstadtbahnhöfe des Historismus, München 1985 [mit ausführlichen Quellenangaben]

Krüger, Anka, Zum 110. Geburtstag der Loschwitzer Bergschwebebahn. Ich habe das Ding einfach „Schwebebahn" getauft [...], in: Der Elbhangkurier 5 (2011), S. 9-11

Kubinszky, Mihály, Architektur am Schienenstrang, Stuttgart 1990

Kuhne, Helga, Deutsche Eisenbahndirektionen. Eisenbahndirektion Dresden 1869–1993, Berlin 2009

Kurrer 2003²: Kurrer, Karl-Eugen, Geschichte der Baustatik, Berlin 2003²

Kuschinski, Norbert, Die jüngere Schwester. 100 Jahre Schwebebahn in Dresden, in: Straßenbahnmagazin 5 (2001), S. 68-73

Ders., Gasbahnwagen aus Dessau, in: Verkehrsgeschichtliche Blätter 12 (1985), S. 59-63

Landeshauptstadt Dresden (Hrsg.), 100 Jahre Blaues Wunder, Dresden 1993

Landgraf 1992/1994: Landgraf, Günther (Hrsg.), Geschichte der Technischen Universität Dresden in Dokumenten und Bildern
Bd. 1: Von der Technischen Bildungsanstalt (1828) zum Königlich Sächsischen Polytechnikum (1871), Altenburg 1992
Bd. 2: Wissenschaft in Dresden vom letzten Drittel des 19. Jahrhunderts bis 1845, Altenburg 1994

Laudel, Heidrun/Franke, Ronald (Hrsg.), Bauen in Dresden im 19. und 20. Jahrhundert, Dresden 1991

Launhardt 1881: Launhardt, Wilhelm, Die Königliche Technische Hochschule zu Hannover von 1831 bis 1881, Hannover 1881

Laves 1989: Hammer-Schenk, Harold/Kokkelink, Günther (Hrsg.), Laves und Hannover. Niedersächsische Architektur im neunzehnten Jahrhundert, Hannover 1989²

Ledig/Ulbricht 1886: Ledig, Gustav W./Ulbricht, Johann F., Die Secundäreisenbahnen des Königreichs Sachsen, Dresden 1886

Ledig/Ulbricht 1895: dies., Die schmalspurigen Staatseisenbahnen im Königreiche Sachsen, Leipzig 1895² (reprint 1987)

Löffler, Fritz, Das Alte Dresden, Dresden 1984⁷

Lorenz, Werner, Die Entwicklung des Dreigelenksystems im 19. Jahrhundert, in: Stahlbau 59 (1990), H. 1, S. 1-10

Loyer, François. Le siècle de l'industrie, Paris 1983

Lueger, Otto (Hrsg.), Lexikon der gesamten Technik und ihrer Hilfswissenschaften, Stuttgart und Leipzig 1904–1910², Ergänzungsbände 1914 u. 1920

Matschoss 1985: Matschoss, Conrad, Männer der Technik. Ein biographisches Handbuch, Berlin 1925, Düsseldorf 1985²

Mehrtens, Georg Christoph, Ueber die Verwendung des Flusseisens für Bauconstructionen, in: Stahl und Eisen 13 (1893), S. 581-636

Mehrtens 1900: ders., Der Deutsche Brückenbau im 19. Jahrhundert, Berlin 1900, Düsseldorf 1984²

Ders., Weitgespannte Strom und Thalbrücken der Neuzeit, in: CBV 10 (1890), S. 357 ff.

Ders., Vorlesungen über Ingenieur-Wissenschaften, 2. Teil, Bd. 1: Eisenbrückenbau, Leipzig 1908

Middleton, Robin/Watkin, David, Klassizismus und Historismus, Bd. 2, in: Weltgeschichte der Architektur, Stuttgart 1987[2]

Mignot, Claude, Architektur des 19. Jahrhunderts, Stuttgart 1983

Mundhenke 1988: Mundhenke, Herbert, Die Matrikel der Höheren Gewerbeschule, der Polytechnischen Schule und der Technischen Hochschule zu Hannover, Bd. I: 1831-1881 Hildesheim 1988

Navier 1826: Navier, Claude Louis Marie Henri, Resumé des Leçons…, 1826

Neidhardt, Ingo, u. a., Schmalspur-Album Sachsen, K. Sächs. Sts. E. B. 1881–1920, Bd. 1-6, Fürstenfeldbruck 2001–2006

Pampel 1989: Pampel, Werner, Der Generalbauplan 1862 und der Gesamtbauplan 1901 für die Stadt Dresden, in: Dresdner Hefte 20, 7 (1989), S. 13-20

Paula Erinnerungen I: Köpcke, Paula, Reste einer Lebensbeschreibung meines Vaters […] (veröffentl. s. Elbert) 1937; Erinnerungen II u. III: nach 1945 aufgeschrieben (unveröffentl. Manuskripte)

Pelc, Ortwin/Grötz, Susanne (Hrsg.), Konstrukteur der modernen Stadt. William Lindley in Hamburg und Europa 1808–1900, (Austellungskatalog) Hamburg 2008

Picon, Antoine (Hrsg.), L'Art de l'ingénieur. Constructeur, entrepreneur, inventeur, (Ausstellungskatalog) Paris 1997

Poggendorff, Johann Christian, Biographisch–literarisches Handwörterbuch zur Geschichte der exacten Wissenschaften, Leipzig 1863, 1898[2]

Pressler/Krüger 1887: Pressler Carl Paul/Krüger, Manfred, Die sächsische Staatsbahn Mehltheuer-Weida und der eiserne Pendelpfeilerviaduct über das Oschützbachthal, in: Civ 33 (1887), Sp. 233-250, 307-342, T. VI-XIV

Preuß/Preuß 1983: Preuß, Erich/Preuß, Reiner, Schmalspurbahnen in Sachsen, Berlin 1983

Raboldt 1970: Raboldt, Karl, Zum Beitrag Claus Koepckes zum Stahlbrückenbau, in: Wissenschaftliche Zeitschrift der Hochschule für Architektur und Bauwesen Weimar 17 (1970), H. 5, S. 489-497

Rachel, Paul Moritz, Altdresdner Familienleben in der Biedermeierzeit, Dresden 1915

Richter, Otto, Geschichte der Stadt Dresden in den Jahren 1871–1902, Dresden 1905

Rödel 1983: Rödel, Volker, Ingenieurbaukunst in Frankfurt am Main 1806–1914, Frankfurt a/Main 1983

Röll 1892: Röll, Victor (Hrsg.), Encyclopädie des gesamten Eisenbahnwesens, Wien 1892

Röper 1971: Röper, Carl/Heerenklage, Heinz (Hrsg.), 750 Jahre Jork-Borstel, 1221–1971. Ein Beitrag zur Geschichte des Alten Landes, Ottendorf 1971

Röper, Hans/Ziegelgänsberger, Gerhard, Die Selketalbahn (Gernrode-Harzgerode Eisenbahn, anhaltische Harzbahn), Düsseldorf 1980

Sachsen unter König Albert. Die Entwicklung des Königreichs Sachsen auf allen Gebieten des Volks- und Staatslebens in den Jahren 1873–1898. Ein Volksbuch. Hrsg. vom Sächsischen Volksschriften Verlag zum Jubiläumstage der Thronbesteigung seiner Majestät des Königs Albert, zum 29. Okt. 1898, Leipzig

Sächsisches Staatsministerium der Finanzen (Hrsg.), Finanzministerialgebäude 1883–1995, Leipzig 2003[3]

Schadendorf, Wulf, Der Großstadtbahnhof nach 1870. Hannover und Dresden, in: Grote, L., Die deutsche Stadt im 19. Jahrhundert, München 1974

Schädel, Dieter (Hrsg.), Wie das Kunstwerk Hamburg entstand, Hamburg 2006

Schiffner, C., Aus dem Leben alter Freiberger Bergstudenten, Freiberg 1835

Schild, Erich, Zwischen Glaspalast und Palais des Illusions. Form und Konstruktion im 19. Jahrhundert, Braunschweig 1983[2]

Schlichtmann 1979: Schlichtmann, Hans-Otto, Das alte Stade um die Jahrhundertwende in Bild und Text, Stade 1979

Schmidt, Helmut, Deutsche Eisenbahndirektionen, Grundlagen I. Entwicklung der Direktionen 1835–1945, Berlin 2008

Schmidt, Michael, Die städtebauliche Entwicklung von Dresden 1871–1918, Dresden 2003

Schmitt, E., Empfangsgebäude der Bahnhöfe und Bahnsteigüberdachungen, in: Handbuch der Architektur, Teil IV, 2. Halbb., Heft 4, Leipzig 1911

Scholl 1978: Scholl, Lars Ulrich, Ingenieure der Frühindustrialisierung. Staatliche und private Techniker im Königreich Hannover und an der Ruhr (1815–1873), Göttingen 1978

Sorge, Carl Theodor, Die Secundairbahnen in ihrer Bedeutung und Anwendung für das Königreich Sachsen, Dresden 1874

Ders., Ein weiteres Wort zu Gunsten der Secundärbahnen, Dresden o. J. [um 1875]

Ders., Über Secundärbahnen, in: Protokolle des SIAV 1876, S. 25-41

Staatshandbuch für das Königreich Sachsen

Starke, Holger/Forberger, Ursula/Zimmer, Wolfgang u. a., Industriestadt Dresden? Wirtschaftswachstum im Kaiserreich, in: Dresdner Hefte 61, 18 (2000)

Stiglat, Klaus, Das blaue Wunder über die Elbe in Dresden 100 Jahre alt, in: Beton- und Stahlbetonbau 87 (1992), H. 9, S. 235-237

Ders.; Brücken am Weg. Frühe Brücken aus Eisen und Beton in Deutschland und Frankreich, Berlin 1998

Stüve 1882: Stüve, Rudolf, Wiederaufbau der Thurmspitze der St. Katharinen-Kirche zu Osnabrück im Jahre 1880, in: ZAIVH 28 (1882), Sp. 21-38, Bl. 864-868

Tellkampf 1857: Tellkampf, Hermann, Reisenotizen über neuere Brückenbauten in England, in: ZAIVH 3 (1857), Sp. 165-179, Bl. 76-77

Ulbricht 1889: Ulbricht, Johann Ferdinand, Geschichte der Königlich Sächsischen Staatseisenbahnen. Denkschrift zur Feier der achthundertjährigen Herrschaft des Hauses Wettin in den sächsischen Landen, Dresden 1889

Universität Hannover 1831–1981, Bd.1; Catalogus Professorum 1831–1981, Bd. 2, Festschrift zum 150-jährigen Bestehen der Universität Hannover, Stuttgart 1981

Vereinigung Leipziger Architekten und Ingenieure (Hrsg.), Leipzig und seine Bauten, Leipzig 1892

Viollet-le-Duc, Eugène Emmanuel, Dictionnaire raisonné de l'architecture française du XIe au XVIe siècle, Bd.2, Paris o. J. (s. beffroi)

VSSB Verein zur Förderung Sächsischer Schmalspurbahnen e.V./Verkehrsmuseum Dresden (Hrsg.), 125 Jahre Schmalspurbahnen in Sachsen, Großenhain 2006

Wittek, Karl H., Die Entwicklung des Stahlhochbaus. Von den Anfängen (1800) bis zum Dreigelenkbogen (1870), Düsseldorf 1964

Wollenweber, Burkhard, Historische Brückenkonstruktionen. Technische Bauwerke der Eisenbahn in Niedersachsen. Ein Beitrag zur Geschichte des Brückenbaus im 19. Jahrhundert, in: Arbeitshefte zur Denkmalpflege in Niedersachsen 33, Isernhagen 2006

Zug der Zeit 1989: Zug der Zeit – Zeit der Züge. Deutsche Eisenbahn 1835–1985, Bd. 1 u. 2, (Ausstellungskatalog) Himberg 1989

Zureck. Hansjörg F., Auf dem „Balkon von Dresden". Aus der Geschichte der Bergschwebebahn in Dresden-Loschwitz, in: Straßenbahnmagazin 26/1977, S. 318-330

Abbildungsnachweis

Die Jahreszahlen unter den Abbildungen geben entweder das
Aufnahme- oder das Veröffentlichungsdatum an. Die Abbildungen
mit grauem Rahmen stammen aus Köpckes Familienalbum.

Archiv der Wuppertaler Stadtwerke: 139

Archiv Elbert: 1, 3-7, 14, 15, 27, 29, 31, 33, 35,
41-46, 52, 55, 57, 59-62, 64-67, 72, 79, 80, 81 u. 82
(Fischer), 95, 101, 102, 107-110, 113, 118, 126, 136,
137, 149, 158-160, 163-166, 169-177, 179, 180, 182-
186, S. 9 und S. 189

Beutelspacher 1903: 117, 141

Brooklyn Museum, Goodyear Collection: 131-135

Budach: 178

CBV 21 (1901): 125

DBZ 7 (1873): 99, 168

DBZ 23 (1889): 151

DBZ 30 (1896) 77, 78 (beide Fischer)

Deutsches Patent- und Markenamt (DPMA): 83-85

Festschrift 1896: 13

Festschrift 1983: 16

Fliegende Blätter, Bd. 98, 1893: 54

Geschichtswerkstatt St. Gertrud Hamburg: 152

Gewerbe- und Kunst-Ausstellung Düsseldorf 1880,
Düsseldorf 1881: 122

Hostmann 1881: 63

Karmarsch 1856: 9

Köpcke
– 1856: 17
– 1858 (2): 23
– 1860 (1): 18-21
– 1860 (2): 24
– 1865: 25
– 1869 (1): 32
– 1871 (3): 146
– 1879: 87
– 1884: 148
– 1886 (2): 48, 49, 53
– 1888 (1): 103

– 1888 (2): 121
– 1889 (2): 104-106
– 1890 (2): 74
– 1891 (1): 96, 97
– 1891 (2): 150, 153
– 1895 (4): 114
– 1898: 73, 75, 76, 119, 120
– 1904 (1): 155-157
– 1911: 85

Landesamt für Denkmalpflege Sachsen: 40

Ledig/Ulbricht 1886: 47, 50, 58

Ledig/Ulbricht 1895: 51, 56

Neumann, Ludwig, Vorbereitung und Bau der
sächsisch-bayerischen Eisenbahn …, Dresden
1901: 39

Oriani: 2

Pressler/Krüger 1887: 92-94

Putzger, Historischer Weltatlas: 8

Rheinisch-Westfälisches Wirtschaftsarchiv: 138

Sächsische Landesbibliothek – Staats- und Univer-
sitätsbilbliothek Dresden (SLUB): 130, 161, 162
– SLUB/Abt. Deutsche Fotothek: 36-38,181, August
Kotzsch: 115, 116

Sächsisches Staatsarchiv, Hauptstaatsarchiv Dresden: 34 (11125 Ministerium des Kultus und Öffentlichen Unterrichts Nr. 15104, Bl. 155 a+b)

Schlichtmann 1979: 6 (m. freundl. Genehmigung)

Stadtarchiv Dresden, Sammlung Risse: 111 (17.1.2-
R191/11), 112 (17.1.2-R191/8)

Stadtarchiv Hannover, Bausammlung: 22 (Kokkelink), 28 (HBS, AL), 144 (HBS, AS)

Stadtmuseum Dresden: 154

Stadtmuseum Riesa: 86, 88-91

Stüve 1882: 145, 147

Technische Informationsbibliothek/Universitätsbibliothek Hannover, Universitätsarchiv Hannover:
10, 11 (Hann. 146 A, Acc. 7/67, Nr. 24), 12 (Best.
B), 140

Ulbricht 1889: 69

Viollet-le-Duc: 142

VSSB: 187

Wikimedia Commons: 30 (Bundesarchiv, Bild 183-C11815/CC-BY-SA), 98 (Tafel Koepcke Markersbach, Mießner 29.4.2009), 123 (Pfaffendorfer 1900, Leipnizkeks; Library of Congress, P&P-Katalog), 124 (J. Scheiner, Trajekt Rheinhausen-Hochfeld), 128 (IEA Frankfurt 1891), 129 (Lauffen-Frankfurt 1891d), 165 (Adolph Menzel, Eisenwalzwerk - Google Art Project)

ZAIVH

– 10 (1864): 143
– 11 (1865): 26
– 15 (1879): 100
– 32 (1886): 70, 71

ZBV 23 (1903): 127

Zeitschrift 15 (1896): 68

Abkürzungen

AIVH	Architekten- und Ingenieur-Verein zu Hannover
CBV	Centralblatt der Bauverwaltung
Civ	Der Civilingenieur
DBZ	Deutsche Bauzeitung
Jahrbuch	Jahrbuch des Sächsischen Ingenieur- und Architekten-Vereins
MfV	Ministerium für Volksbildung (heute: Ministerium des Kultus und Öffentlichen Unterrichts)
MPICE	Minutes of Proceedings of the Institution of Civil Engineers
MSIAV	Mittheilungen des Sächsischen Ingenieur- und Architekten-Vereins
NHStA	Niedersächsisches Landesarchiv, Hauptstaatsarchiv Hannover
Organ	Organ für die Fortschritte des Eisenbahnwesens in technischer Hinsicht
SHStA	Sächsisches Staatsarchiv, Hauptstaatsarchiv Dresden
SIAV	Sächsischer Ingenieur- und Architekten-Verein
ZAIVH	Zeitschrift des Architekten- und Ingenieur-Vereins zu Hannover
ZAIW	Zeitschrift für Architektur und Ingenieurwesen
ZBV	Zentralblatt der Bauverwaltung
Zeitschrift	Zeitschrift für das gesammte Local- & Strassenbahn-Wesen
ZfB	Zeitschrift für Bauwesen
ZVDEV	Zeitung des Vereins Deutscher Eisenbahn-Verwaltungen
ZVDI	Zeitschrift des Vereins Deutscher Ingenieure